MANUAL DE PRÁTICAS DE TOPOGRAFIA

T917m Tuler, Marcelo.
         Manual de práticas de topografia / Marcelo Tuler, Sérgio
      Saraiva, André Teixeira. – Porto Alegre : Bookman, 2017.
         xii, 132 p. : il. ; 21 cm.

         ISBN 978-85-8260-426-7

         1. Levantamento topográfico. 2. Topografia. I. Saraiva,
      Sérgio. II. Teixeira, André. III. Título.

                                            CDU 528.425(035)

Catalogação na publicação: Poliana Sanchez de Araujo – CRB 10/2094

MARCELO TULER
SÉRGIO SARAIVA
ANDRÉ TEIXEIRA

MANUAL DE PRÁTICAS DE TOPOGRAFIA

2017

© Bookman Companhia Editora Ltda., 2017

Gerente editorial: *Arysinha Jacques Affonso*

Colaboraram nesta edição:

Editora: *Denise Weber Nowaczyk*

Revisão de texto: *Monica Stefani*

Capa e projeto gráfico: *Paola Manica*

Imagem da capa: *Karen Katrjyan/Shutterstock*

Editoração: *Kaéle Finalizando Ideias*

Reservados todos os direitos de publicação à
BOOKMAN EDITORA LTDA., uma empresa do GRUPO A EDUCAÇÃO S.A.
A série Tekne engloba publicações voltadas à educação profissional e tecnológica.

Av. Jerônimo de Ornelas, 670 – Santana
90040-340 – Porto Alegre – RS
Fone: (51) 3027-7000   Fax: (51) 3027-7070

SÃO PAULO
Rua Doutor Cesário Mota Jr., 63 – Vila Buarque
01221-020 – São Paulo – SP
Fone: (11) 3221-9033

SAC 0800 703-3444 – www.grupoa.com.br

É proibida a duplicação ou reprodução deste volume, no todo ou em parte, sob quaisquer formas ou por quaisquer meios (eletrônico, mecânico, gravação, fotocópia, distribuição na Web e outros), sem permissão expressa da Editora.

IMPRESSO NO BRASIL
PRINTED IN BRAZIL

Os autores

Marcelo Tuler

É professor do Centro Federal de Educação Tecnológica de Minas Gerais (CEFET-MG), graduado em Engenharia de Agrimensura pela Universidade Federal de Viçosa (UFV), mestre em Sistemas e Computação com ênfase em Cartografia Automatizada pelo Instituto Militar de Engenharia (IME) e doutor em Engenharia Civil com ênfase em Geotecnia Ambiental pela Universidade Federal de Viçosa (UFV). Tem experiência nas áreas de Geociências e Geotecnia, e em Topografia Industrial.

Sérgio Saraiva

É professor do Centro Federal de Educação Tecnológica de Minas Gerais (CEFET-MG), graduado em Engenharia Civil e especialista em Engenharia de Segurança do Trabalho pela Fundação Mineira de Educação e Cultura (FUMEC), especialista em Biologia pela Universidade Federal de Lavras (UFLA) e doutor em Geotecnia pela Universidade Federal de Ouro Preto (UFOP). Tem experiência em projetos e construção de estradas e em Topografia Industrial.

André Teixeira

É professor do Centro Federal de Educação Tecnológica de Minas Gerais (CEFET-MG), graduado em Engenharia de Agrimensura pela Faculdade de Engenharia de Minas Gerais (FEAMIG), especialista em Geoprocessamento (UFMG) e mestre em Geotecnia (UFOP). Tem experiência nas áreas de Topografia e GNSS.

Da esquerda para direita, os autores Sérgio Saraiva, André Teixeira e Marcelo Tuler.

Dedicatória

Aos professores Antônio Ferraz, Carlos Alexandre, Carlos D´Antonino, Cláudio Tuler, Dalto Domingos, Eduardo Marques, Geraldo Santana e Joel Gripp.
Marcelo Tuler

Em memória de meus pais, Antônio Saraiva e Elza Costa Saraiva.
Sérgio Saraiva

Aos meus pais, Antônio Teixeira (*in memoriam*) e Luzia Teixeira.
André Teixeira

Apresentação

É com muita honra que escrevo o prefácio deste livro produzido, pelos professores Marcelo Tuler, Sérgio Saraiva e André Teixeira do Centro Federal de Educação Tecnológica de Minas Gerais (CEFET-MG). A reconhecida capacitação profissional e a trajetória acadêmica dos autores já antecipam a qualidade e o alcance deste trabalho.

Venho labutando na área de topografia e cartografia há mais de 40 anos. Atuei por muitos anos na aplicação técnica da Topografia nos serviços especializados do Instituto de artografia Aeronáutica (ICA), como professor de topografia nos cursos técnicos do Instituto Federal do Espírito Santo e, nas duas últimas décadas, tenho atuado na pesquisa e no ensino superior de Topografia e cartografia na Universidade Federal de Minas Gerais (UFMG). Dessa forma, tenho acompanhado bem de perto os avanços da área. Nessa longa trajetória, pude acompanhar as grandes mudanças provocadas pela entrada maciça das novas tecnologias na área de Topografia, ocasionando a modernização dos instrumentos e dos equipamentos e forçando, por consequência, uma significativa atualização dos métodos, dos procedimentos e das práticas topográficas.

Os avanços foram muito impactantes e intensos, mas os materiais didáticos levaram algum tempo para absorver essa dinâmica e para começar a responder de forma eficaz às demandas da comunidade topográfica. Somente nos últimos anos, os textos didáticos de topografia passaram a ser atualizados adequadamente para acompanhar essas mudanças. O próprio Prof. Marcelo Tuler, em parceria com Prof. Sérgio Saraiva, lançou duas importantes obras recentes no mercado - *Fundamentos de Topografia e Fundamentos de Geodésia e Cartografia*. Tenho recomendado estes dois livros para os meus alunos da UFMG e para os demais interessados em bons materiais da área, pois essas obras preenchem, de forma adequada, parte dessa lacuna de conhecimento. Percebe-se ainda certo vazio, que o presente livro - *Manual de Práticas de Topografia* - se propõe a preencher. Faltava um material didático de fácil compreensão, bem estruturado e objetivo, voltado para exercícios e atividades práticas. Nesse aspecto, o material deste livro é de valor inestimável, pois aborda de forma direta, e com muitos detalhes, as mais diversas situações práticas possíveis nos trabalhos de topografia em diferentes campos de aplicação.

O estudante, o aprendiz, o profissional inexperiente e, mesmo, os mais experimentados especialistas na área podem consultar o manual, escolher o tópico que mais lhe interessa e aplicar de imediato aquela prática, obtendo mais produtividade e eficiência no seu trabalho. Destaca-se, também, que as práticas do manual são direcionadas para a realidade atual dos novos instrumentos e métodos de uso corrente no mercado, portanto interessarão a agrimensores, topógrafos, técnicos em mineração, engenheiros civis, engenheiros de minas, engenheiros ambientais, arquitetos, geólogos, geógrafos e muitos outros que lidam com o levantamento, o inventário e a gestão de recursos e dados distribuídos no espaço geográfico. A variedade de profissionais e áreas de conhecimento que necessitam do apoio da topografia é muito vasta.

Pela qualidade, praticidade e riqueza de detalhes esta será uma importante fonte de consulta para os alunos de graduação dos cursos engenharia civil, engenharia de minas, engenharia ambiental, geologia, arquitetura e aquacultura. Antevejo que este livro será utilizado em muitas escolas do país que trabalham com o ensino da topografia. Vejo também sua utilidade para os muitos profissionais de diferentes áreas de conhecimento que necessitam do apoio da topografia.

Pela sua natureza focada nas práticas, o material é único no mercado, de modo que seu lançamento é muito alvissareiro para toda a comunidade topográfica que, a partir de agora, já pode contar com este excelente recurso didático que facilitará sobremodo o trabalho de todos aqueles que, de alguma forma, lidam com essa importante disciplina de topografia, que transita por muitos meandros de diferentes áreas do conhecimento humano.

Marcos Antônio Timbó Elmiro
Professor do Departamento de Cartografia do Instituto de Geociências da UFMG

Prefácio

Com base em conceitos da matemática e física, a topografia e a geodésia lançam um olhar sobre o ambiente na busca de sua representação.

Estas ciências há milênios apoiam os serviços de engenharia, haja vista a introdução de seus conteúdos em várias carreiras atinentes às obras civis e afins.

A construção deste material contou com a experiência dos três autores, professores de práticas de topografia em sala de aula e também executores de tais práticas em campo.

Neste material, apresentamos algumas práticas da topografia mais corriqueiras, e outras mais específicas. Ao todo são 40 práticas descritas, com seus objetivos, definições, equipamentos, e o passo a passo apresentado sempre de forma ilustrada.

O primeiro desafio, no Capítulo 3, foi a escolha destas 40 práticas, pois, com frequência, o profissional é quem define a técnica e os equipamentos em função de seus objetivos. Considere aqui, inclusive, que muitas vezes este objetivo possa ser inédito!

Antes, porém, de exercitar tais práticas, sentimos a necessidade de discutir:

Capítulo 1 – Introdução: das aplicações e dos produtos destas práticas; da citação de algumas normas a serem consultadas e adotadas, bem como da construção de um glossário de termos técnicos de projetos e obras, encontrados durante os levantamentos topográficos;

Capítulo 2 – Do Planejamento e segurança nas práticas de topografia: Como organizar as práticas de campo; e Dos Equipamentos e acessórios nas práticas de topografia: quais são os equipamentos clássicos e os atuais da topografia e geodésia. Ainda neste capítulo abordamos o dimensionamento de equipes de topografia e da construção dos preços dos serviços.

Uma vez que necessitamos de suporte matemático para tal, apresentamos no apêndice uma revisão de matemática básica aplicada nas práticas de topografia.

Enfim, se considerarmos que a ciência refere-se a qualquer conhecimento ou prática sistematizada, perseguimos neste *Manual de Práticas de Topografia* uma contribuição para o aprendizado e a solução de atividades rotineiras da topografia, buscando transferir esta ciência do quadro escolar ao campo.

Marcelo Tuler

Sérgio Saraiva

André Teixeira

Sumário

capítulo 1
Introdução 1

Normas técnicas para as práticas de topografia 9

Glossário de termos técnicos 11

capítulo 2
Planejamento das práticas de topografia 46

Reconhecimento das condições de campo 46

Definição do método de levantamento e escolha dos equipamentos 48

Tratamento dos dados do levantamento 48

Locação e acompanhamento 49

Métodos de levantamentos e *software* de processamento 49

    Métodos de levantamentos 50

    Software de processamento 50

Equipamentos 51

    Equipamentos principais 52

    Equipamentos complementares 55

    Acessórios 57

    Materiais e ferramentas 63

Dimensionamento das equipes 65

Os riscos nas práticas de topografia 66

Da construção do preço dos serviços 67

capítulo 3
Práticas de topografia 69

    Prática 1 – Elaboração de um croqui 72

    Prática 2 – Medição de distâncias horizontais com a trena 73

    Prática 3 – Medição de distâncias com trena a laser 74

    Prática 4 – Medições de inclinações com o inclinômetro digital 75

    Prática 5 – Instalação de uma estação total 76

    Prática 6 – Materialização de uma poligonal topográfica com a estação total 77

    Prática 7 – Irradiação de pontos a partir de uma poligonal topográfica 78

    Prática 8 – Materialização de uma poligonal topográfica aberta e apoiada 79

    Prática 9 – Materialização de um estaqueamento 80

    Prática 10 – Locação planimétrica por coordenadas polares com teodolito ou estação total 81

    Prática 11 – Locação de obras por coordenadas retangulares (X e Y) com estação total 82

    Prática 12 – Determinação de coordenadas retangulares de pontos inacessíveis 83

    Prática 13 – Determinação das coordenadas de um ponto pela técnica de Pothenot 84

    Prática 14 – Medição de ângulos horários pelo método das direções com estação total ou teodolito 85

    Prática 15 – Locação de curva circular simples por deflexões com teodolito 86

    Prática 16 – Locação de curva circular simples por irradiações com a estação total 87

    Prática 17 – Locação de curva circular com transição em espiral por irradiações 88

    Prática 18 – Determinação de raio de curvas a partir da corda e flecha 89

    Prática 19 – Locação de uma edificação 90

    Prática 20 – Nivelamento com nível de mangueira 91

    Prática 21 – Nivelamento geométrico simples com nível ótico 92

    Prática 22 – Nivelamento geométrico composto com nível ótico 93

    Prática 23 – Nivelamento geométrico com nível digital 94

    Prática 24 – Nivelamento trigonométrico com a estação total 95

    Prática 25 – Nivelamento trigonométrico pelo método *leap frog* com estação total 96

    Prática 26 – Nivelamento taqueométrico com teodolito 97

    Prática 27 – Locação de greide com nível 98

    Prática 28 – Locação de greide de valas com estação total 99

    Prática 29 – Locação de *offsets* de uma estrada com estação total 100

    Prática 30 – Levantamento com receptor GPS de navegação 101

    Prática 31 – Método estático com receptor GNSS topográfico ou geodésico 102

    Prática 32 – Método *stop and go* com receptor GNSS topográfico ou geodésico 103

    Pratica 33 – Locação pelo método *Real Time Kinematic* com receptor GNSS geodésico 104

    Prática 34 – Nivelamento geodésico com receptor GNSS topográfico ou geodésico 105

    Prática 35 – Precisão das coordenadas obtidas pelos receptores de geodésico, topográfico e de navegação 106

Prática 36 – Comparação entre as distâncias UTM e topográfica 107
Prática 37 – Determinação dos azimutes de quadrícula, geodésico, verdadeiro e magnético..... 108
Prática 38 – Levantamento topográfico com VANT 109
Prática 39 – Levantamento topográfico com *scanner laser*.. 110
Prática 40 – Levantamento topobatimétrico com ecobatímetro 111

Referências **112**

Apêndice **115**

CAPÍTULO 1

Introdução

Na concepção de qualquer obra de engenharia, bem como para sua futura construção, é fundamental o conhecimento dos elementos naturais e artificiais que a cercam. Logo, a planta topográfica é a primeira e insubstituível ferramenta para a implantação de projetos de engenharia (TULER; SARAIVA, 2014).

Entre as várias atividades da engenharia que utilizam os serviços de topografia, podem-se citar a infraestrutura de transportes, obras urbanas, saneamento básico, geotecnia, mineração, barragens, etc. A cada uma delas serão relacionados os tipos de obras e os serviços de topografia que as englobam.

>> **ATIVIDADE:** Infraestrutura de transportes

Tipos de obras: rodovias, ferrovias, dutovias, vias urbanas e outras (Figura 1.1)

Serviços de topografia:
- levantamentos planialtimétricos;
- marcação de offsets e banquetas;
- nivelamentos em geral;
- locação de tangentes e curvas horizontais;
- locação de interseções viárias;
- locação de obras de artes;
- locação de sistemas de drenagem;
- locação da sinalização vertical e horizontal;
- locação da faixa de domínio;
- levantamentos hidrográficos (batimétricos);
- transporte de coordenadas geodésicas;
- inventário/cadastro urbano e/ou rural;
- controle de terraplenagens;
- "medição" do serviço executado.

Figura 1.1 >> Conferência topográfica na Infraestrutura de transportes.
Fonte: Vadim Ratnikov/Shutterstock; serato/Shutterstock.

>> **ATIVIDADE:** Obras urbanas

Tipos de obras: Loteamentos, zoneamentos urbanos, arruamentos, planejamento e apoio para a infraestrutura urbana, sistemas de drenagem e de saneamento, implantação de marcos da rede geodésica e topográfica municipal, entre outras (Figura 1.2)

Figura 1.2 >> Locações de obras urbanas.
Fonte: Os autores; Stefano Ember/Shutterstock.

Serviços de topografia:

- levantamentos planimétricos e planialtimétricos cadastrais;
- peritagens;
- demarcação de lotes;
- nivelamentos em geral;
- locação de interseções viárias;
- transporte de coordenadas geodésicas;
- locação de sistemas de drenagem.

>> **ATIVIDADE:** Saneamento e meio ambiente

Tipos de obras: Construções de adutoras, redes e estações de tratamento d'água e de esgoto, inventário ambiental, demarcação de reservas legais, construção e controle de aterros sanitários, entre outras (Figura 1.3)

Figura 1.3 >> Locação de serviços de saneamento e meio ambiente.
Fonte: Os autores.

Serviços de topografia:

- levantamentos planimétricos e planialtimétricos cadastrais;
- nivelamentos em geral;
- transporte de coordenadas geodésicas;
- levantamentos hidrográficos (batimétricos);
- locação de piezômetros e furos de sondagem;
- locação de sistemas de drenagem;
- locação de redes de água e esgoto.

>> **ATIVIDADE:** Geologia, geotecnia e mineração

Tipos de obras: Definição e locação de aspectos geológicos, definição e demarcação de jazidas minerais, locação de frentes de extração de minérios, levantamento do azimute e ângulo de inclinação de estruturas rochosas, cálculos de volumes de materiais diversos (solos e rochas), demarcação de áreas de risco, inventário de sítios arqueológicos, locação de furos de sondagens e poços piezométricos, controle do assoreamento de barragens, locação das bermas da cava, controle de recalque de barragens, demarcação de área de bota-fora, entre outras (Figura 1.4)

Figura 1.4 >> Controle topográfico na mineração.
Fonte: Os autores.

Serviços de topografia:

- levantamentos planimétricos e planialtimétricos;
- nivelamentos em geral;
- levantamentos hidrográficos (batimétricos);
- locações em geral: piezômetros, sondagens, sistemas de drenagem, sistema viário, offsets, bermas, etc.

>> **ATIVIDADE:** Ciências agrárias e florestais

Tipos de obras: Levantamentos para o gerenciamento e controle de reflorestamentos (dendrometria), cadastros florestais, projetos de irrigação e drenagem, inventários para o controle de safras, divisão de glebas rurais, georreferenciamento de imóveis rurais (INCRA, 2013a, 2013b, 2013c), agricultura de precisão, locação de barragens de terra, entre outras (Figura 1.5)

Figura 1.5 >> Medições topográficas nas ciências agrárias e florestais.
Fonte: Os autores.

Serviços de topografia:

- levantamentos planimétricos e planialtimétricos cadastrais;
- nivelamentos em geral;
- transporte de coordenadas geodésicas;
- levantamentos hidrográficos (batimétricos);
- georreferenciamento de imóveis rurais;
- aviventação de plantas topográficas.

>> **ATIVIDADE:** Área industrial

Tipos de obras: Apoio nas correções geométricas de alinhamentos, nivelamentos de estruturas, alinhamento e nivelamento de máquinas e equipamentos mecânicos, definição de eixos de peças mecânicas, locação de estruturas industriais, controles de recalques de estruturas, definição da verticalidade e paralelismo de estruturas, entre outras (Figura 1.6)

Figura 1.6 >> Nivelamento de estrutura em área industrial.
Fonte: yuttana Contributor Studio/Shutterstock; os autores.

Serviços de topografia:

- levantamentos planimétricos e planialtimétricos em geral: paralelismos, verticalidades, materialização de alinhamentos horizontais e verticais;
- nivelamentos em geral;
- locação de estruturas;

- transporte de coordenadas geodésicas;
- conferências geométricas de máquinas e equipamentos.

>> **ATIVIDADE:** Barragens e linhas de transmissão

Tipos de obras: Locação de barragens, zoneamento das áreas a serem inundadas, determinação de volumes, controle tecnológico de terraplenagens, demarcação e apoio na construção das estruturas das linhas de transmissão, entre outras (Figura 1.7)

Figura 1.7 >> **Locação de barragens e linhas de transmissão.**
Fonte: Suwatchai Pluemruetai/Shutterstock; yuttana Contributor Studio/Shutterstock.

Serviços de topografia:

- levantamentos planialtimétricos da bacia hidrográfica e da região de implantação das estruturas da barragem, das áreas de empréstimo de solo e jazidas em geral, etc.;
- nivelamentos em geral (p.ex., linha d'água do reservatório);
- transporte de coordenadas geodésicas;
- cadastro das propriedades atingidas por barragens para efeito de subdivisão e averbação legal;
- levantamentos hidrográficos (batimétricos);
- controles de recalque.

Das várias atividades citadas, observe que alguns dos serviços de topografia se repetem.

Nestes diferentes serviços, serão aplicados também equipamentos topográficos específicos, segundo sua função e precisão (Cap. 2).

Os produtos obtidos dos serviços de topografia poderão ser:

- do próprio levantamento de dados em campo para construção de diretrizes para um projeto ou intervenção;
- de acompanhamento para a implantação de obras em campo a partir de projetos (locação) ou do controle e da manutenção de alguma estrutura já existente.

No primeiro caso, após o levantamento dos dados em campo, geralmente adotam-se *softwares* específicos, sejam de desenhos, cálculos, ou de análises espaciais, etc., fornecendo subsídios (plantas, relatórios, entre outros) para construir tais projetos e listar propostas de intervenção. Depois da aprovação deste projeto ou da detecção da solução de intervenção, entram em cena as operações de locação e de controles geométricos corretivos.

Entre alguns dos produtos de campo e escritório estão as cadernetas de campo, as cadernetas de locação, as plantas topográficas, os perfis, os relatórios e mapas de intervenção e de apoio aos diversos projetos de engenharia, os relatórios "*as-built*", as maquetes físicas, as maquetes digitais após tratamento em *softwares* de topografia, os gráficos e as tabelas após tratamento em *softwares* de geoprocessamento, o memorial descritivo, o memorial de marcos topográficos e geodésicos, a imagem de um escâner terrestre ou de um VANT, as coordenadas de uma rede topográfica ou geodésica, os pontos batimétricos, entre outros diversos (Figura 1.8).

Caderneta de Campo - I PAC

Estação	Ponto Visado	Posição da luneta	Ângulo horário lido - Método das Direções G	M	S	Distâncias horizontais recíprocas lidas Lidas (m)	i (m)	a (m)	Azimute G	M	S	Ângulo zenital lido - Método das Direções G	M	S	Obs.
P0	P6	PD	0°	0'	0"	85,455						83°	40'	30"	
	P1		97°	26'	55"	81,431			105°	15'	10"	86°	30'	20"	Poligonal
	P6	PI	180°	0'	20"	85,465			263°	40'	20"				
	P1		277°	26'	35"	81,421			266°	30'	15"				
	i1		39°	52'	25"	18,729	1,580	1,700				81°	26'	25"	PC-Ponto Cotado
	i2		42°	8'	45"	35,042						82°	3'	25"	PC-árvore
	i3	PD	75°	27'	25"	44,868						84°	18'	50"	PC-árvore
	i4		106°	44'	30"	63,250						86°	1'	35"	PC-divisa
	i5		109°	30'	5"	23,372						86°	21'	35"	PC-árvore
	i6		188°	22'	20"	20,161						91°	58'	5"	PC-divisa
P1	P0	PD	0°	0'	0"	81,435						93°	22'	50"	
	P2		150°	16'	55"	79,189			86°	22'	25"				Poligonal
	P0	PI	179°	59'	45"	81,416			273°	22'	55"				
	P2		330°	16'	40"	79,189			266°	22'	30"				
	i7		50°	18'	2"	29,240	1,650	1,700				82°	45'	0"	PC-estrada
	i8		54°	18'	25"	41,679						83°	48'	45"	PC-estrada
	i9	PD	63°	48'	20"	18,851						82°	53'	30"	PC-estrada
	i10		100°	29'	20"	13,321						80°	9'	0"	PC-estrada
	i11		154°	36'	55"	16,906						80°	19'	45"	PC-estrada
	i12		176°	0'	5"	22,236						83°	3'	35"	PC-estrada-divisa

Figura 1.8a >> Exemplo de caderneta de campo – Planialtimetria.
Fonte: Os autores.

Caderneta de nivelamento geométrico

Ponto visado	Plano de referência (m)	Leituras na mira (m) Ré	Vante	Cotas (ou altitudes) (m)	Observações
A	12,95	2,95		10,00	A – RN em um marco de madeira, situado 8,00 m à esquerda da quina do prédio escolar.
B			1,00	11,95	
bis* (B)	15,10	3,15			
C			0,35	14,75	
D			3,00	12,10	
E			0,80	14,30	
bis* (E)	16,45	2,15			
F			1,05	15,40	Cota do ponto A = 10,00 m

Figura 1.8b >> Exemplo de caderneta de campo – Nivelamento Geométrico.
Fonte: Os autores.

Modelo de memorial descritivo.

MEMORIAL DESCRITIVO

Imóvel: Comarca:
Proprietário:
Município: U.F:
Matrícula: Código Incra:
Área (ha):   Perímetro (m):

Inicia-se a descrição deste perímetro no vértice MHJ-M-0001, de coordenadas N 8.259.340,39m e E 196.606,83m, situado no limite da faixa de domínio da Estrada Municipal, que liga Carimbo a Pirapora e nos limite da Fazenda Santa Rita, código Incra...; deste, segue confrontando com a Fazenda Santa Rita, com os seguintes azimutes e distancias: 96°24'17" e 48,05 m até o vértice MHJ-M-0002, de coordenadas N 8.259.335,03m e E 196.654,58m; 90°44'06" e de 25,72 m até o vértice MHJ-M-0003, de coordenadas N 8.259.334,70m e E 196.680,30m; 98°40'35" e 79,35 m até o vértice MHJ-M-0004, de coordenadas N 8.259.334,70m e E 196.680,30m; 98°40'39" e 32,41 m até o vértice MHJ-M-0005, de coordenadas 8.259.317,84m e E 196.790,78m, situado na margem esquerda do córrego da Palha; deste, segue pelo referido córrego a montante, com os seguintes azimutes e distancias: 167°39'33" e 10,57 m até o vértice MHJ-P-0001, de coordenadas N 8.259.307,51m e E 196.793,04m; 170°58'05" e 10,06 m até o vértice MHJ-P-0002, de coordenadas N 8.259.297,57m e E 196.794,62m; 180°32'08" e 9,63 m até o vértice MHJ-P-0003, de coordenadas N 8.259.285,39m e E 196.794,08m; 199°50'29" e 9,66 m até o vértice MHJ-P-0004 de coordenadas N 8.259.276,30m e E 196.790,80m; 208°30'56" e 10,12 m até o vértice MHJ-M-0005, de coordenadas N 8.259.267,41m e E 196.785,97m; 209°06'51" e 10,26 m até o vértice MHJ-P-0006 de coordenadas N 8.259.258,45m e E 196.780,98m; 201°49'21" e 10,06 m até o vértice MHJ-P-0007 de coordenadas N 8.259.249,11m e E 196.777,24m; 188°11'44" e 9,89 m até o vértice MHJ-M-0006 de coordenadas 8.259.239,32m e 196.775,83m, situado na margem esquerda do córrego da Palha e divisa da Fazenda São José, código Incra...; deste, segue confrontando com a Fazenda São José com os seguintes Azimutes e distâncias: 276°11'31" e 30,32 m até o vértice MHJ-M-0007 de coordenadas N 8.259.242,59m e E 196.145,69m; 282°03'45" e 152,17 m até o MHJ-M-0008 de coordenadas N 8.259.274,39m e E 196.596,88m, situado da divisa da Fazenda São José e limite da faixa de domínio da estrada municipal que liga Carimbó a Pirapora; deste, segue pela limite da faixa de domínio da Estrada Municipal, com os seguintes azimutes e distâncias: 347°08'31" e 17,93 m até o vértice MHJ-P-0008 de coordenadas N 8.259.291,87m e E 196.592,89m; 02°56'12" e 15,03 m até o vértice MHJ-P-0009 de coordenadas N 8.259.306,88m e E 196.593,66m; 25°49'11" e 12,03 m até o vértice MHJ-P-0010 de coordenadas N 8.259.317,71m e E 196.598,90m; 19°16'19" e 24,03 m até o vértice MHJ-M-0001, ponto inicial da descrição deste perímetro. Todas as coordenadas aqui descritas estão georreferenciadas ao Sistema Geodésico Brasileiro, a partir da estação ativa da RBMC de Brasília, de coordenadas E... e N..., e encontram-se representadas no Sistema UTM, referenciadas ao Meridiano Central nº 45 WGr, tendo como datum o SAD-69. Todos os azimutes e distâncias, área e perímetro foram calculados no plano de projeção UTM.

Brasília,   de   de 2003

Resp. Técnico   Eng. Agrimensor CREA...
Código Credenciamento...   ART...

Figura 1.8c >> Exemplo de memorial descritivo de uma localidade.
Fonte: Os autores.

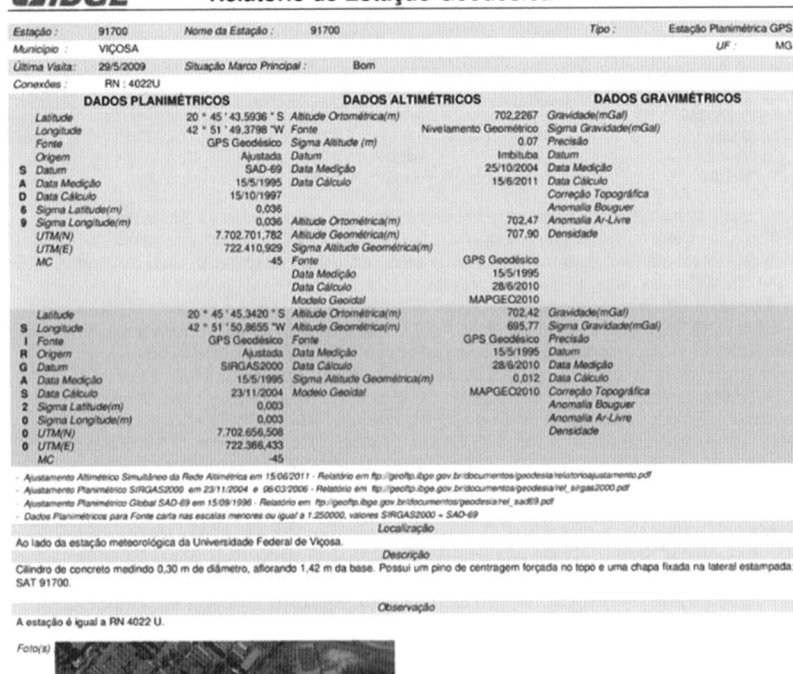

Figura 1.8d >> Memorial de marcos geodésicos.
Fonte: IBGE (c2016).

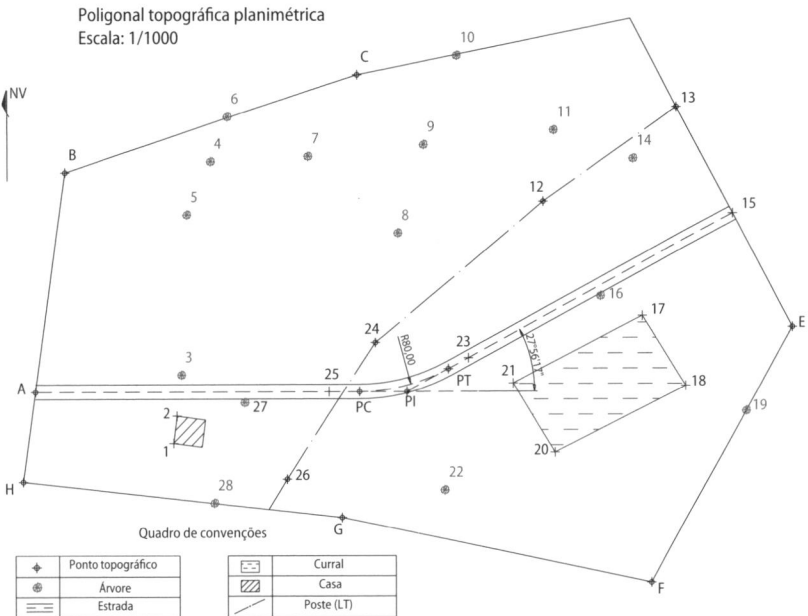

Figura 1.8e >> Planta topográfica de uma localidade.
Fonte: Os autores.

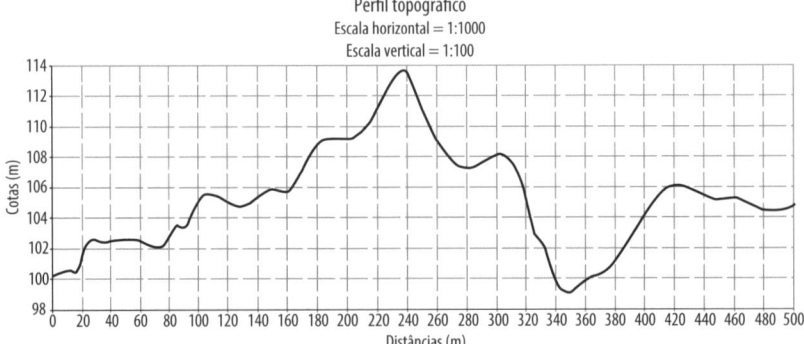

Figura 1.8f >> Perfil topográfico.
Fonte: Os autores.

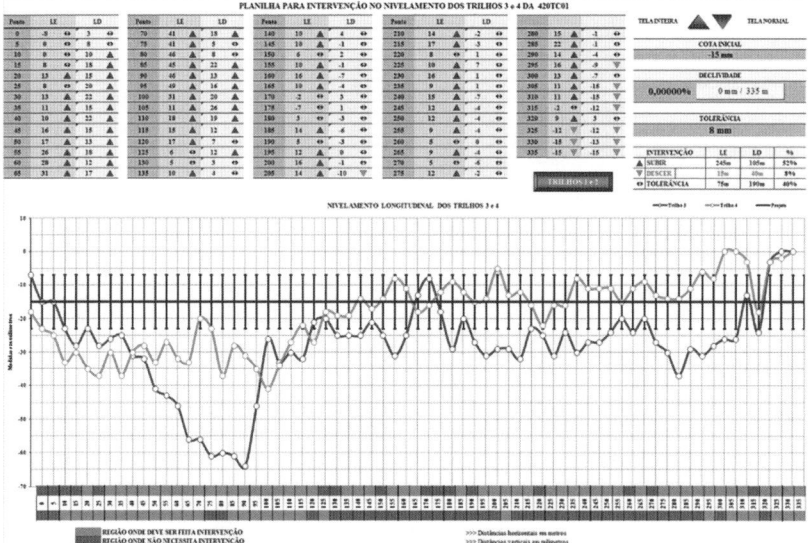

Figura 1.8g >> Relatório e mapa de intervenção, após um nivelamento longitudinal.
Fonte: Os autores.

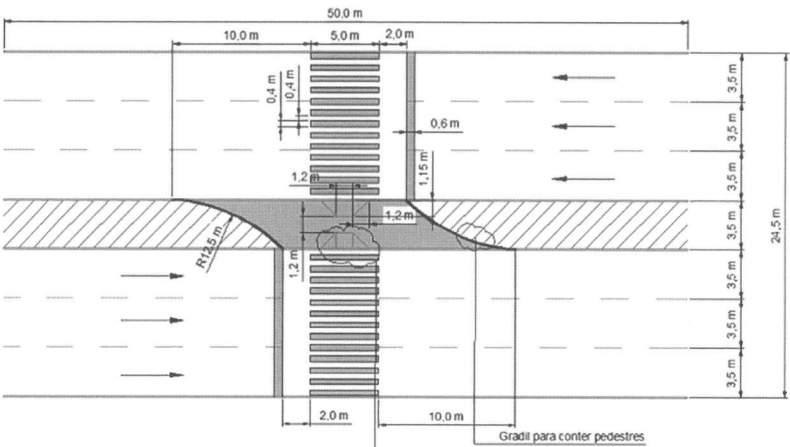

Figura 1.8i >> Apoio à locação e construção de projetos diversos.
Fonte: Os autores.

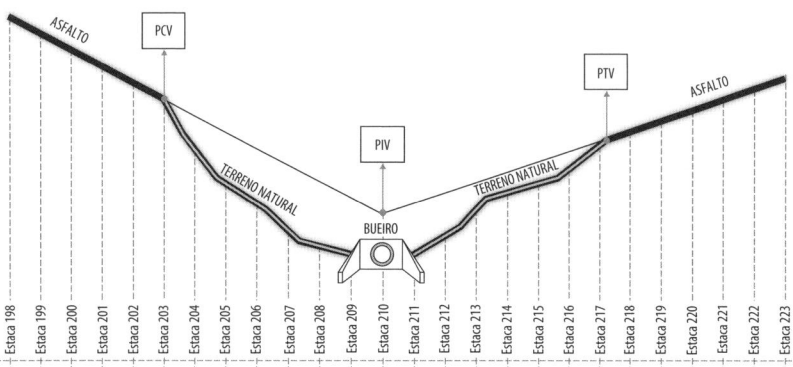

Figura 1.8h >> Apoio à locação e construção de projetos diversos.
Fonte: Os autores.

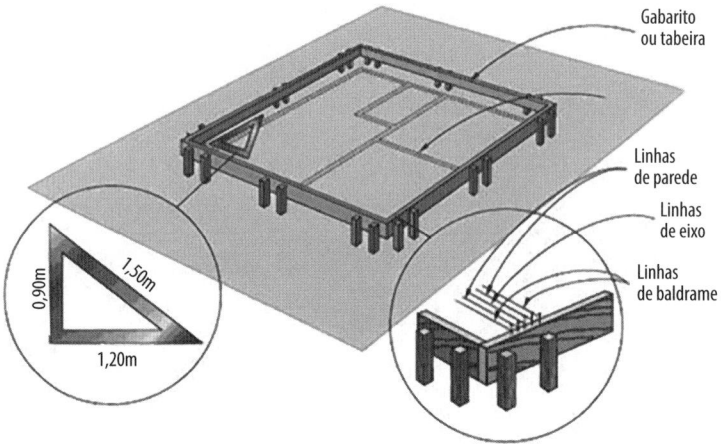

Figura 1.8j >> Acompanhamento para a locação de projetos diversos.
Fonte: Os autores.

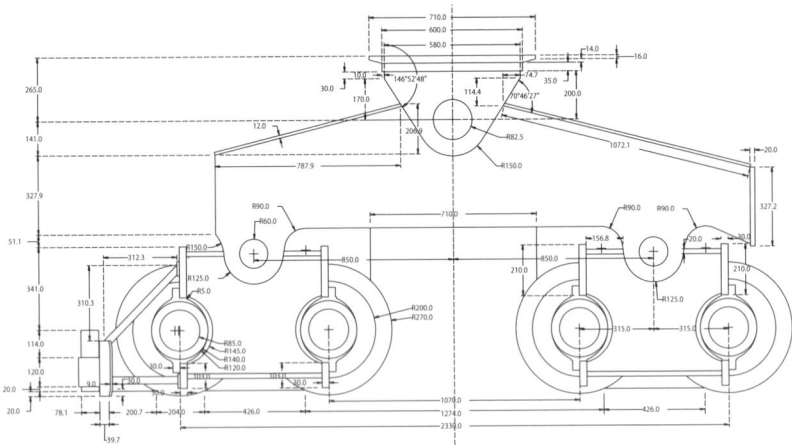

Figura 1.8k >> Apoio à construção e locação de projetos diversos.

Fonte: Os autores.

Figura 1.8l >> Construção de maquetes digitais, após tratamento em *softwares* específicos.

Fonte: Os autores.

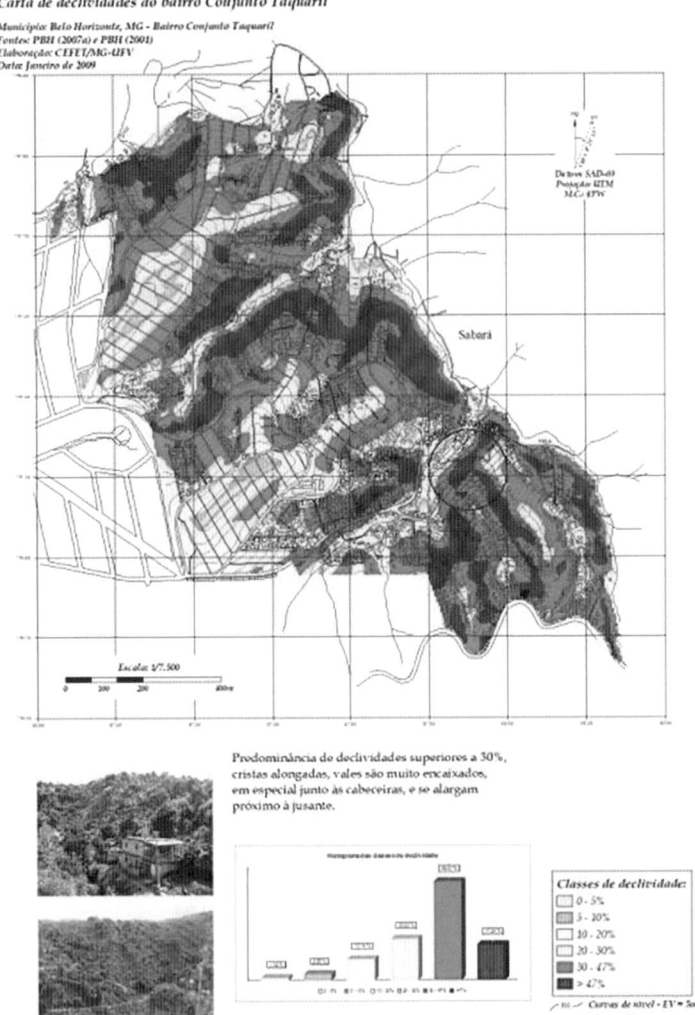

Figura 1.8m >> Como dados de entrada para a geração de gráficos e tabelas, por exemplo, na extração de declividades, após tratamento em *softwares* específicos de SIG.

Fonte: Os autores.

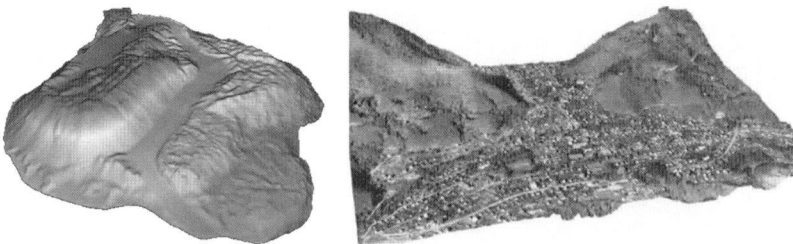

Figura 1.8n >> Apoio terrestre para tratamento dos dados a partir de imagens de *scanner* terrestre e de VANTs.
Fonte: Os autores.

Figura 1.8o >> Apoio terrestre e levantamento para reconhecimento do relevo submerso (batimetria).
Fonte: Os autores.

>> Normas técnicas para as práticas de topografia

Deve-se atentar que podem existir normas e manuais associados às metodologias e precisões para os levantamentos adotados nos tipos de obra mensionados. Entre as principais normas e manuais destacam-se aqueles publicados pela ABNT, pelo IBGE e pelo INCRA, que serão discutidos a seguir.

Além disso, as próprias empresas contratantes (DNIT, DERs, DNPM, CEMIG, Eletrobras, prefeituras, Petrobras, mineradoras, etc.), ou mesmo pessoa física, podem impor ao profissional a adoção de documentos próprios para a execução dos trabalhos de topografia, desde que tais normativas não confrontem atos superiores, como da ABNT e do IBGE.

A seguir serão listadas algumas destas normas gerais, resoluções e manuais, seus objetivos e uma síntese de seu teor. Sugere-se que o profissional de topografia obtenha estes documentos para a construção de sua biblioteca.

Norma: ABNT NBR 13.133

Descrição: Execução de Levantamento Topográfico

Data: maio de 1994, revisada em 1996

Objetivo: Esta Norma fixa as condições exigíveis para a execução de levantamento topográfico destinado a obter: a) conhecimento geral do terreno: relevo, limites, confrontantes, área, localização, amarração e posicionamento; b) informações sobre o terreno destinadas a estudos preliminares de projetos; c) informações sobre o terreno destinadas a anteprojetos ou projetos básicos; d) informações sobre o terreno destinadas a projetos executivos.

Norma: ABNT NBR 14.166

Descrição: Rede de Referência Cadastral Municipal – Procedimento

Data: agosto de 1998

Objetivo: Esta Norma fixa as condições exigíveis para a implantação e manutenção da Rede de Referência Cadastral Municipal destinada a: a) apoiar a elaboração e a atualização de plantas cadastrais municipais; b) amarrar, de um modo geral, todos os serviços de topografia, objetivando as incorporações às plantas cadastrais do município; c) referenciar todos os serviços topográficos de demarcação, de anteprojetos, de projetos, de implantação e acompanhamento de obras de engenharia em geral, de urbanização, de levantamentos de obras como construídas e de cadastros imobiliários para registros públicos e multifinalitários.

Norma: IBGE – Resolução PR nº 01/2015

Descrição: Transformação entre os referenciais geodésicos adotados no Brasil

Data: fevereiro de 2015

Objetivo: Definir a data de 25 de fevereiro de 2015 para término do período de transição para adoção no Brasil do Sistema de Referência Geocêntrico para as Américas (SIRGAS), em sua realização de 2000,4 (SIRGAS2000).

Norma: IBGE – Resolução PR nº 01/2008

Descrição: Padronização de Marcos Geodésicos

Data: agosto de 2008

Objetivo: Fornecer subsídios para as etapas de construção, manutenção, reconstrução e reparo dos marcos geodésicos.

Manual: IBGE – Recomendações para Levantamentos Relativos Estáticos – GPS

Data: abril de 2008

Objetivo: Revisão das Recomendações para Levantamentos Relativos Estáticos – GPS, em substituição às antigas Especificações e Normas para levantamentos GPS (Global Positioning System), elaboradas em 1992.

Manual: INCRA – Norma técnica para georreferenciamento de imóveis rurais

Data: 2013

Objetivo: Trata das condições exigíveis para a execução dos serviços de georreferenciamento de imóveis rurais, em atendimento ao que estabelecem os parágrafos 3º e 4º, do artigo 176, e o parágrafo 3º do artigo 225, da Lei n.º 6.015, de 31 de dezembro de 1973, incluídos pela Lei n.º 10.267, de 28 de agosto de 2001.

Manual: INCRA – Manual Técnico de Limites e Confrontações

Data: 2013

Objetivo: Conceitua imóvel rural contido na Lei de Registros Públicos (Lei n.º 6.015, de 31 de dezembro de 1973); algumas definições relevantes sobre o assunto, orientações para proceder à identificação e descrição dos limites dos imóveis rurais; a identificação da confrontação, não considerando como confrontante o proprietário, e, sim, o bem imóvel; dos procedimentos a serem seguidos para os casos de alteração de parcela certificada; e sobre a guarda de todo o material que subsidiou a identificação dos limites e das confrontações do imóvel.

Manual: INCRA – Manual Técnico de Posicionamento: georreferenciamento de imóveis rurais

Data: 2013

Objetivo: Destaca a possibilidade de utilização de novos métodos de posicionamento; menor detalhamento de especificações técnicas (atribuindo esta tarefa ao credenciado); utilização do Sistema Geodésico Local (SGL) para o cálculo de área; apresenta a formulação matemática para cálculos utilizando topografia clássica e amplia a possibilidade de utilização de métodos de posicionamento por sensoriamento remoto.

>> Glossário de termos técnicos

Durante a execução de levantamentos topográficos, os profissionais se deparam a todo o momento com termos específicos do ramo de projetos, obras de engenharia e afins. A listagem a seguir apresenta, em ordem alfabética, algumas definições próprias dos autores ou de alguns órgãos e bibliografias do ramo.

A

Abaulamento – Declividade transversal de uma plataforma viária (rua, rodovia ou ferrovia) no sentido do eixo para os bordos, geralmente em torno de 3% nas tangentes, com o objetivo de facilitar o escoamento transversal das águas de chuva (Figura 1.9).

Figura 1.9 >> Abaulamento de uma rua.
Fonte: Os autores.

Aceiro – Faixa ao longo das cercas ou terreno onde a vegetação foi completamente eliminada da superfície do solo com a finalidade de prevenir a passagem do fogo.

Aclive – Inclinação de uma superfície considerando o sentido de baixo para cima (subida).

Acurácia – Precisão em relação ao seu valor verdadeiro.

Afastamento (da curva) – Menor distância entre o PI (ponto de inflexão) e o eixo ou bordo da curva (Figura 1.10).

Aferição (Calibração) – Conjunto de operações que estabelece, em condições especiais, a correspondência entre os valores indicados por um instrumento de medir, ou por um sistema de medição ou por uma medida materializada e os verdadeiros convencionais da grandeza medida.

Ajustamento (de observações) – Procedimento para determinar o valor mais provável a partir de observações superabundantes, sujeitas a flutuações probabilísticas mediante a aplicação de modelos matemáticos adequados e do MMQ, bem como estimar a precisão de tais incógnitas e a eventual correlação entre elas.

Alinhamento – Segmento de reta materializado por uma visada topográfica (Figura 1.10).

Figura 1.10 >> Alinhamentos.
Fonte: Os autores.

Alma – Parte do trilho compreendida entre o boleto e o patim (Figura 1.11).

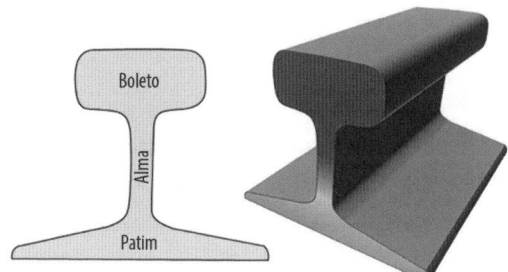

Figura 1.11 >> Detalhe das partes de um trilho.
Fonte: Os autores.

Alqueire – Unidade de medida de superfície de imóveis rurais com variações em sua grandeza considerando os padrões regionais, utilizada ainda em escrituras baseadas no ASPM (antigo sistema de pesos e medidas). Como exemplo, tem-se o alqueire geométrico que corresponde a 48 400 m² e o alqueire paulista, que corresponde a 24 200 m².

Altimetria – Estudo dos procedimentos e instrumentos para a obtenção de distâncias verticais ou diferenças de nível. Para isso, executa-se o nivelamento.

Altímetro – Instrumento usado para medir alturas ou altitudes, geralmente em forma de um barômetro aneroide destinado a registrar alterações da pressão atmosférica que, desta forma, acompanham as variações de altitude.

Altitude geométrica (elipsoidal) – Altura de um ponto em relação a um elipsoide de referência (h), considerando a normal do ponto (Figura 1.12).

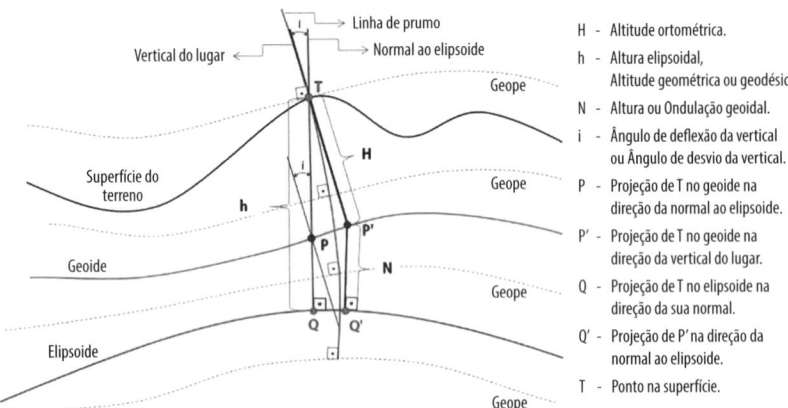

Figura 1.12 >> Altitudes, geométrica e ortométrica.
Fonte: Os autores.

Altitude ortométrica – Altura de um ponto na superfície terrestre em relação ao nível médio dos mares (H), considerando a vertical do ponto (Figura 1.12).

Altura – Medida vertical de um objeto, com referência da base ao topo.

Amarração – Processo utilizado na topografia para preservação e localização de pontos topográficos, ou seja, marcação de pontos auxiliares fora da área de trabalho para garantia da relocação de pontos topográficos de interesse (Figura 1.13).

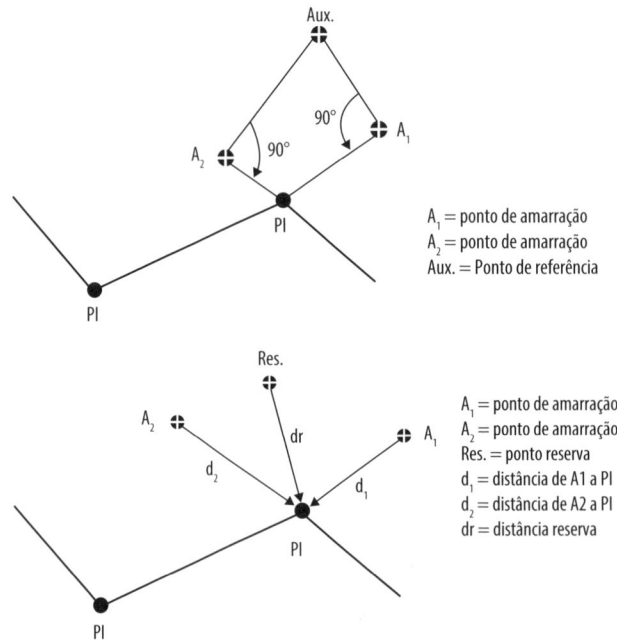

Figura 1.13 >> Métodos de amarração.
Fonte: Tuler e Saraiva (2014).

Ambiguidade – Quando não se conhece a quantidade de ondas recebidas a partir do início das observações das fases portadoras L1 ou L1/L2 de um receptor GPS.

AMV (aparelho de mudança de via) – Acessório que possibilita o trem a mudar de uma linha para outra e executar manobras (Figura 1.14).

Figura 1.14 >> Aparelho de mudança de via – AMV.
Fonte: Os autores.

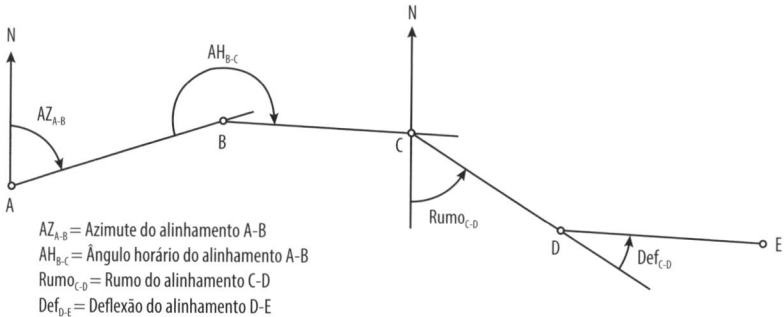

Figura 1.16 >> Caminhamento representando os ângulos horizontais.
Fonte: Os autores.

Ângulo de inclinação (α) – Ângulo vertical formado entre a linha do horizonte e uma visada de referência (Figura 1.15).

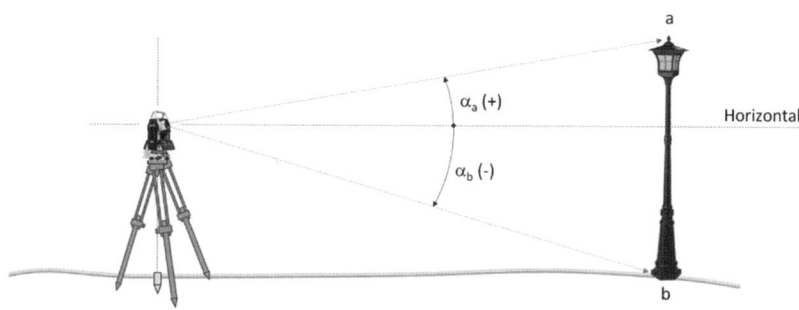

Figura 1.15 >> Visadas de ângulos de inclinação.
Fonte: Os autores.

Ângulo horário – Ângulo horizontal no sentido horário, medido a partir do alinhamento anterior (visada de ré) até o alinhamento seguinte (visada de vante) (Figura 1.16).

Ângulo zenital (Z) – Ângulo vertical formado entre o zênite e uma visada de referência (Figura 1.17).

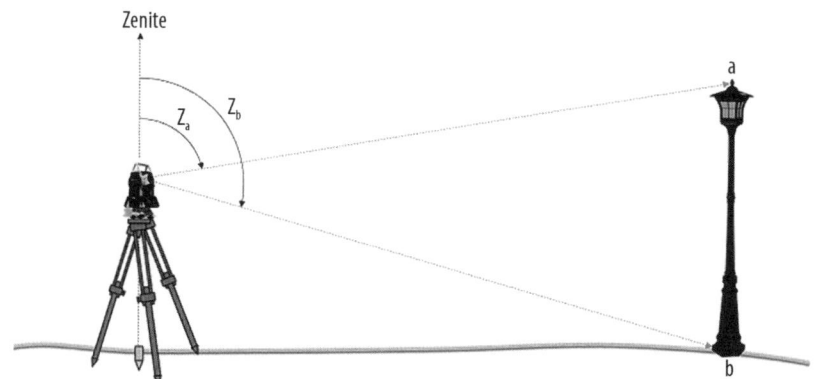

Figura 1.17 >> Visadas de ângulos zenitais.
Fonte: Os autores.

Anuário astronômico – Documento publicado, no caso brasileiro, pelo Observatório Nacional (ON), com as previsões dos fenômenos astronômicos, calendários, posições dos planetas e estrelas e outros dados para os cálculos de astronomia que surgem nas atividades teóricas e de campo, de astrônomos, geodesistas, topógrafos, cartógrafos e outros profissionais de áreas correlatas.

Área de preservação permanente (APP) – Área definida em forma de lei que prevê a preservação de recursos hídricos, da paisagem, da estabilidade geológica, da biodiversidade, do fluxo gênico da fauna e flora, a proteção do solo e a asseguração do bem-estar das populações humanas, independentemente da cobertura vegetal.

Arruamento – Traçado de ruas, seja de um estacionamento, de um loteamento ou até mesmo de uma cidade.

ART (anotação de responsabilidade técnica) – Documento que confere a responsabilidade técnica junto ao CREA (Conselho Regional de Engenharia e Agronomia).

ART (análise de risco de tarefa) – Documento que lista os riscos inerentes a uma atividade de campo, a serem anotados antes de iniciar um serviço.

As built – Expressão em inglês que significa "como construído". Na prática de topografia, representa o levantamento de todos os elementos e estruturas existentes com nível de detalhamento adequado que poderá servir de referência para novas medições.

Aviventação – Processo de ajuste dos ângulos horizontais de uma poligonal (azimutes ou rumos), obtidos pela atualização da declinação magnética.

Azimute – Ângulo horizontal no sentido horário, formado entre a direção norte-sul e um alinhamento, tendo como origem o sentido norte e variável de 0° e 360° (Figura 1.16).

B

Bacia hidrográfica – Área de drenagem que contém um conjunto de cursos d'água que convergem para um determinado rio ou talvegue. É delimitada pelos divisores de água.

Baliza – Haste de aço (p.ex., metalon) ou madeira, de comprimento geralmente igual a 2 metros, arredondada e pintada com cores contrastantes (vermelho e branco, a cada 0,5 metro). Numa das extremidades possui uma ponteira de aço para apoiar sobre o ponto topográfico e prolongar este ponto verticalmente (Figura 1.65).

Balizamento – Prática topográfica em que são distribuídas algumas balizas, materializando-se um alinhamento.

Banqueta (ferrovia) – Espaçamento entre a saia do lastro e a crista do sublastro (Figura 1.18).

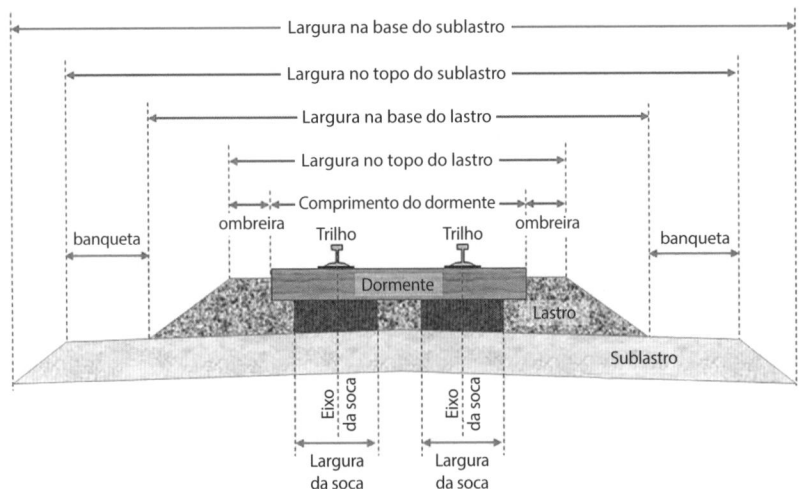

Figura 1.18 >> Seção transversal de uma ferrovia.
Fonte: Os autores.

Banqueta (rodovia) – Material (solo) colocado a jusante das sarjetas de aterro e das valetas de proteção do corte, para sua proteção (Figura 1.19).

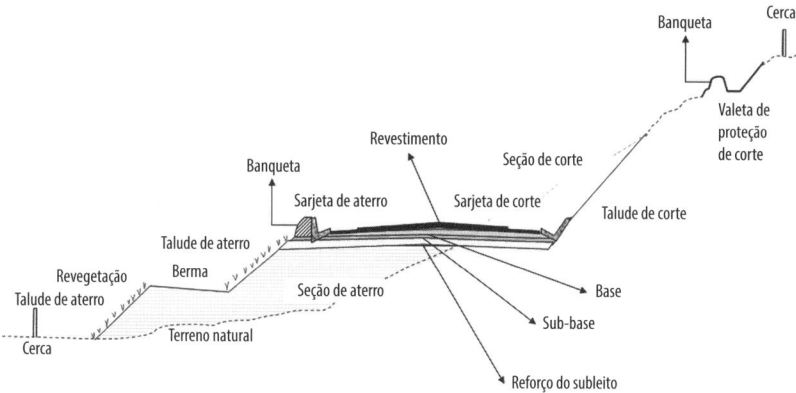

Figura 1.19 >> Seção transversal de uma rodovia.
Fonte: Os autores.

Barreira *New Jersey* – Dispositivo de segurança viária, geralmente em concreto, para separar o fluxo de tráfego, proteger obras de arte ou delimitar provisoriamente zonas em obras (Figura 1.20).

Figura 1.20 >> Barreira *New Jersey* em rodovia.
Fonte: Matyas Rehak/Shutterstock.

Barômetro – Instrumento utilizado para medir a pressão atmosférica.

Bastão (do prisma) – Haste de metal (p.ex., metalon) para sustentar o prisma topográfico. Podem ter o tamanho de até 4 metros de altura.

Batimetria – Processo de medição e representação do relevo submerso de lagos, represas, rios e oceanos.

Benfeitoria – O mesmo que edificação.

Berma (banqueta) – Plataforma longitudinal (degraus) entre os taludes de corte ou de aterro. As bermas têm o objetivo de melhorar a estabilidade de taludes e de facilitar a instalação do sistema de drenagem superficial (Figura 1.21).

Figura 1.21 >> Bermas.
Fonte: Os autores.

Bitola (em ferrovia) – Distância transversal entre os trilhos de uma via medidos nas faces internas dos boletos. No Brasil, as principais bitolas ferroviárias são de 1,00 m e 1,60 m, denominadas bitola métrica e bitola larga, respectivamente. Em ferrovia, ainda tem-se a bitola do rodeiro, que é a distância entre as faces internas dos frisos das rodas. A diferença entre estas bitolas (via e rodeiro) é denominada "jogo da via" (Figura 1.22).

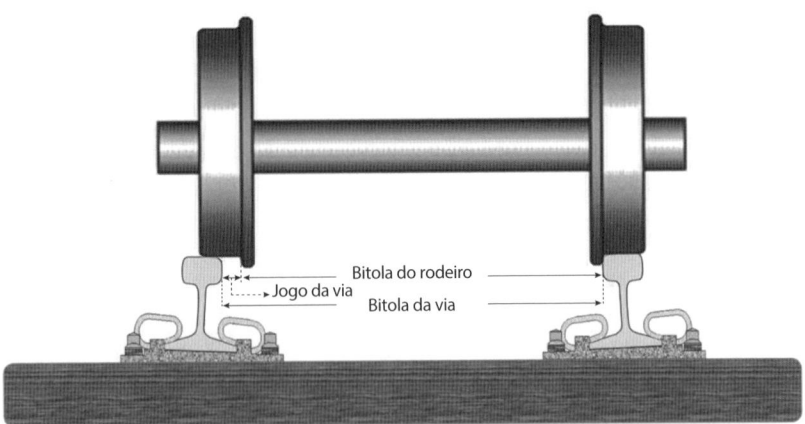

Figura 1.22 >> Bitolas.
Fonte: Os autores.

Blaster – Segundo Decreto 3.665, de 20 de novembro de 2000, é o elemento encarregado de organizar e conectar a distribuição e disposição dos explosivos e acessórios empregados no desmonte de rochas (BRASIL, 2000).

Boca de lobo – Dispositivo de drenagem urbana para a captação de águas pluviais, recolhidas pelas sarjetas (Figura 1.23).

Figura 1.23 >> Bocas de lobo.
Fonte: Os autores.

Boleto – Parte superior do trilho ferroviário destinado ao apoio e deslocamento das rodas ferroviárias (Figuras 1.11 e 1.24).

Figura 1.24 >> Detalhe do boleto do trilho.
Fonte: Dalibor Musil/Shutterstock.

Bombordo – À esquerda do rumo da embarcação (Figura 1.25).

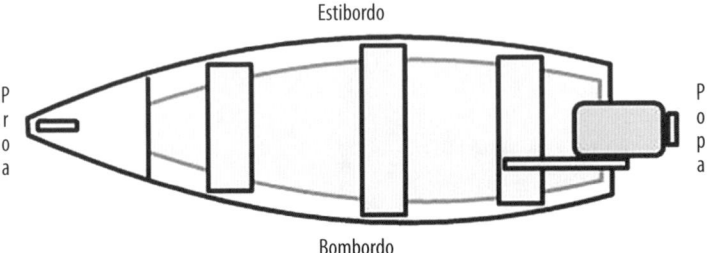

Figura 1.25 >> Esquema de orientação de uma embarcação.
Fonte: Os autores.

Bota fora (área de bota fora e expurgo) – Local onde se deposita os solos, as rochas e os materiais orgânicos que não foram aprovados geotecnicamente para utilização em uma obra (Figura 1.26).

Figura 1.26 >> Área de bota fora.
Fonte: Os autores.

Braça – Antiga unidade linear, com variações de país para país, equivalente à extensão que vai de um punho ao outro, ou da extremidade de uma mão aberta à outra, ou da ponta de um polegar em abdução ao outro, num adulto com os braços estendidos horizontalmente para os lados (em Portugal e no Brasil, 2,2 m lineares). Na região anglo-saxônica, equivalente a 2 jardas (1,829 m). Esta unidade ainda é utilizada para indicar as profundidades nas sondagens de marinha.

Bueiro (de greide) – Dispositivo de drenagem com a finalidade de propiciar a passagem, sob as estradas, de águas provenientes de chuvas, coletadas e conduzidas dos taludes e pelas sarjetas na superfície estradal (greide) (Figura 1.27).

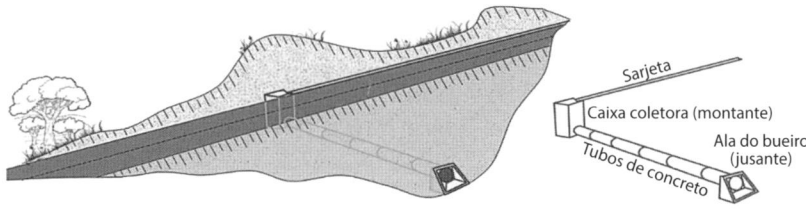

Figura 1.27 >> Bueiro de greide em rodovia.
Fonte: Os autores.

Bueiro (de talvegue) – Dispositivo de drenagem para transposição de talvegue natural ou ravina com a finalidade de propiciar a passagem, sob as estradas, de pequenos cursos d'água ou águas provenientes de chuvas (Figura 1.28).

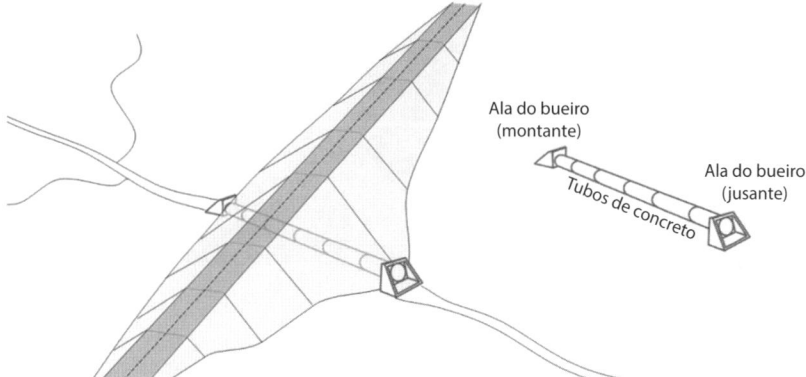

Figura 1.28 >> Bueiro de talvegue ou bueiro de grota.
Fonte: Os autores.

Bússola – Instrumento composto por uma agulha metálica magnetizada suspensa sobre o seu ponto médio de forma a poder girar livremente sobre este. Por ação do campo magnético terrestre, a agulha magnética orienta-se sempre na direção do Norte magnético, servindo de referência para a orientação de trabalhos topográficos.

C

Cabeceira (ponte) – Extremidade de uma ponte.

Cadastro – Prática de topografia para inventário (medição) dos elementos naturais e artificiais, urbanos ou rurais, de uma determinada localidade, com o objetivo de representação por meio de uma planta topográfica.

Calçada (passeio) – Espaço destinado aos pedestres para movimentação segura, normalmente localizada entre o meio fio e a testada dos lotes (Figura 1.29).

Figura 1.29 >> Calçada.
Fonte: Gustavo Frazão/Shutterstock; os autores.

Caminhão espargidor – Veículo próprio para transporte e aplicação de emulsões asfálticas e asfalto diluído (Figura 1.30).

Figura 1.30 >> Caminhões espargidores de asfalto em operação.
Fonte: Os autores.

Caminhão-pipa – Veículo equipado com reservatório para transporte de água, geralmente utilizado em obras de terraplenagem e de pavimentação (Figura 1.31).

Figura 1.31 >> Caminhões pipas.
Fonte: Os autores.

Caminhão-toco – Veiculo de somente um eixo traseiro, podendo ser equipado com caçamba (basculante) para transporte de material em obras (Figura 1.32).

Figura 1.32 >> Caminhões-toco basculantes.
Fonte: Os autores.

Caminhão trucado – Veículo dotado de dois eixos traseiros (Figura 1.33).

Figura 1.33 >> Caminhões trucados prancha e basculante.
Fonte: Os autores.

Canaleta – Conduto aberto, de pequenas dimensões, para drenagem de águas superficiais, normalmente de concreto pré-moldado em forma de meia cana ou trapezoidal (Figura 1.34).

Figura 1.34 >> Canaletas de concreto meia cana.
Fonte: Os autores.

Carregadeira – Equipamento próprio para carregamento de materiais em caminhões. Às vezes é utilizada na obra para transporte de materiais em pequenas distâncias (Figura 1.35).

Figura 1.35 >> Carregadeiras na obra.
Fonte: Os autores.

Cava – Local de uma mina, a céu aberto, onde é retirado o minério (Figura 1.36).

Figura 1.36 >> Cava de uma mina.
Fonte: Os autores.

Catenária – Em topografia, é a curvatura devido ao peso de uma trena numa tomada de distância horizontal. Nesta medição, devem-se aplicar tensões nas extremidades para minimizar este erro.

Cinquenta – Unidade de medida agrária que equivale a 50 x 50 braças. Também chamada de quarta no Rio Grande do Sul. No Paraná, a quarta vale 50 x 25 braças.

Clinômetro – Instrumento manual para medir a inclinação de uma superfície plana em relação ao horizonte.

Contranivelamento – Nivelamento em sentido contrário ao nivelamento para verificação do erro de fechamento, tomando-se como referência o ponto de partida.

Convergência meridiana – Ângulo formado entre o norte de quadrícula e o verdadeiro. Esta pode ser positiva ou negativa, considerando o quadrante.

Cota – Em topografia, distância vertical de um ponto em relação a um plano de referência horizontal arbitrário.

Colônia – Unidade de superfície usada no estado do Espírito Santo e equivale a 5 alqueires de 100 x 100 braças.

Coordenadas – Quantidades lineares ou angulares que definem a posição de um ponto no plano, no espaço ou sobre uma dada superfície, relativamente a determinadas referências.

Crista – Linha que une os pontos mais altos de um talude.

Croqui (esboço) – Construção de um desenho para representar um determinado local, de forma expedita, com pouca preocupação em escala, observando dimensões relativas e anotando, por exemplo: orientação, nome de logradouros, confrontantes, posição de benfeitorias, acidentes do relevo, posição de aspectos naturais (córregos, árvores, etc.), artificiais (poste, cerca, etc.), entre outros.

Cubação – Processo para determinação de volume de materiais.

Cume (ou topo) – Ponto mais alto de um terreno (monte, montanha ou serra).

Curva circular simples – Projeto para concordância de dois segmentos em tangente de uma estrada através de um arco de circunferência. É normalmente aplicada para grandes raios, seja em rodovias (≈ 600 m) ou em ferrovias (≈ 1500 m), mas pode ser aplicada também para raios pequenos, como no caso de praças, trevos, estacionamentos, etc. (Figura 1.37).

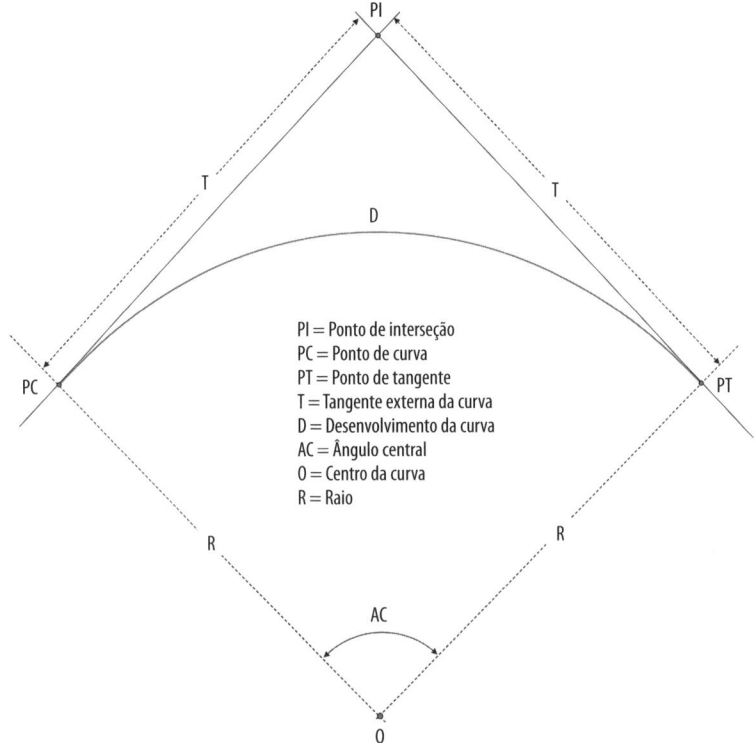

Figura 1.37 >> Curva circular simples.
Fonte: Os autores.

Curva circular com transição em espiral (curvas de transição) – Projeto para concordância de dois segmentos em tangente de uma estrada em que se tem um trecho em espiral que faz a concordância da tangente com o trecho circular e na saída da curva circular para retorno ao trecho em tangente. O grau de curvatura desta espiral é variável, sendo menor no início da curva, onde concorda com a tangente, e maior no encontro com o trecho circular (Figura 1.38).

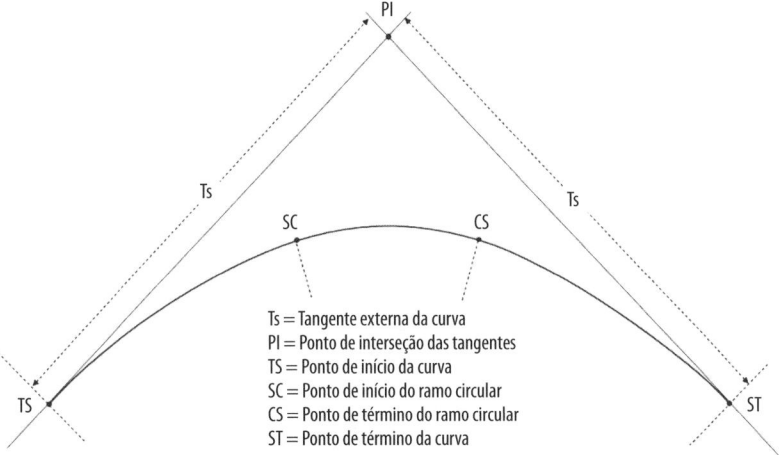

Figura 1.38 >> Curva circular com transição em espiral.
Fonte: Os autores.

Curva de nível – Linhas com a mesma cota ou altitude do relevo de um terreno. A cada cinco curvas, representa-se uma curva realçada, denominada "curva mestra" em que será anotada a cota ou altitude (Figura 1.39).

Figura 1.39 >> Curvas de nível.
Fonte: Os autores.

D

Datum – Conjunto de parâmetros que descreve a relação de um elipsoide de referência ao geoide.

Declinação magnética – Ângulo formado entre o norte verdadeiro e o norte magnético.

Declive – Inclinação de uma superfície considerando o sentido de cima para baixo (descida).

Deflexão – Ângulo horário formado entre o prolongamento do alinhamento de ré e o alinhamento de vante. Pode ser para a direita ou a esquerda, variando de 0° a 180° (Figura 1.16).

Demarcação – Marcação ou locação em campo a partir de um determinado projeto.

Dendrometria – Técnica de campo da área florestal que tem por objetivo estudar e determinar o volume das árvores em suas respectivas partes, bem como a existência de madeira numa dada área.

Descida d´água – Dispositivo de drenagem superficial que, recebendo a montante a descarga de algum outro dispositivo, promove o seu lançamento em ponto estrategicamente colocado, disciplinando o escoamento (Figura 1.40).

Figura 1.40 >> Descidas d'água em degraus.
Fonte: Os autores; Yury Zap/Shutterstock.

Desenvolvimento (da curva) – Comprimento curvo entre o PC (ponto de curva) e o PT (ponto de tangente) de uma curva de estradas (Figura 1.37).

Diastímetro (trena) – Todo instrumento destinado à medição direta de distâncias. Os mais usuais em topografia são as trenas.

Diferença de nível – Distância vertical definida pela diferença entre as cotas ou altitudes de dois ou mais pontos, podendo ser nula, positiva ou negativa, de acordo o ponto de referência (Figura 1.41).

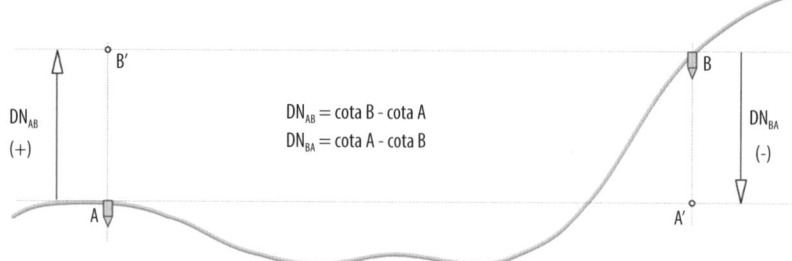

Figura 1.41 >> Diferença de nível entre os pontos A e B.
Fonte: Os autores.

Diretriz – Linha básica que determina o traçado de uma estrada.

Distanciômetro – Equipamento eletrônico usado em levantamentos topográficos ou geodésicos para determinação de distâncias.

Dormentação – Quantidade de dormentes distribuídos em um quilômetro de ferrovia com espaçamento constante (Figura 1.42).

Figura 1.42 >> Dormentação.
Fonte: Jojje/Shutterstock; os autores.

Dormentes – Elementos estruturais de madeira, concreto, aço ou material sintético, que se localizam na direção transversal ao eixo da via férrea e onde são fixados os trilhos ferroviários (Figuras 1.42 e 1.43).

Figura 1.43 >> Tipos de dormentes.
Fonte: Os autores.

Dragagem – Técnica de engenharia utilizada para remoção de materiais, solo, sedimentos e rochas do fundo de corpos de água, por meio de equipamentos denominados "dragas".

Drone – Palavra inglesa que significa "zangão", na tradução literal para a língua portuguesa. Em topografia, os *drones* também são chamados VANT ("Veículo Aéreo Não Tripulado") ou VARP ("Veículo Aéreo Remotamente Pilotado").

E

Efemérides – Conjuntos de informações referentes à posição e ao erro do relógio dos satélites, necessários ao posicionamento. Há basicamente dois tipos de efemérides: precisas e transmitidas, sendo que estas últimas são disponibilizadas diretamente para o receptor no momento do rastreio.

Elipse de erros – Figura que representa os desvios-padrão máximos e mínimos de uma medida.

Elipsoide – Superfície com possibilidade de tratamento matemático, originada pela rotação de uma elipse em torno de seu eixo menor, que melhor se adapte ao geoide.

Empréstimo (área de empréstimo) – Local fora da obra onde se retira material para ser utilizado nos aterros.

Estibordo (boroeste) – Lado direito de quem se encontra numa embarcação no sentido da popa para a proa, ou seja, no sentido da navegação normal (Figura 1.25).

Enrocamento – Estruturas constituídas de pedras de mão arrumadas, ou por pedras jogadas, sem emprego de aglomerante, utilizadas na construção de contenções, diques e dissipadores de energia, recuperação de erosões e proteção de taludes e de obras de arte especiais.

EPI (equipamento de proteção individual) – Equipamentos de uso pessoal, como óculos de proteção, perneira, protetor solar, capacete, luvas, macacão, cinto de segurança, máscara e protetor auricular, com o objetivo de proteger a integridade física do trabalhador (Figura 1.44).

Figura 1.44 >> Uso de EPIs.
Fonte: Os autores.

Erosão – Processo de desagregação superficial do terreno com o transporte de materiais, desencadeado por fatores antrópicos ou naturais, pelas águas da chuva (Figura 1.45).

Figura 1.45 >> Erosões em taludes de aterro e de corte.
Fonte: Os autores.

Escala – Relação entre uma dimensão gráfica e uma dimensão real de um objeto. Esta pode ser numérica ou gráfica (Figura 1.46).

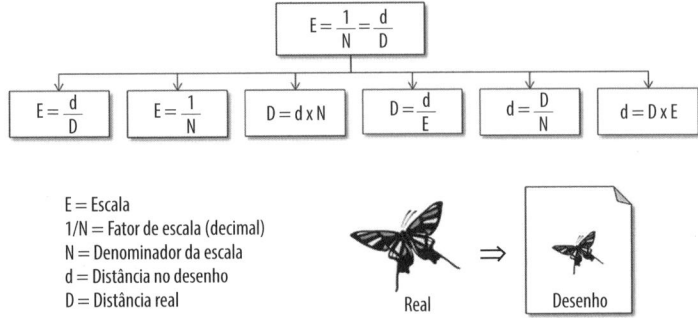

Figura 1.46 >> Escalas.
Fonte: Os autores.

Escalonamento – Escavação em degraus no terreno para encaixe das camadas de solo com objetivo de compactar as camadas de aterro (Figura 1.47).

Figura 1.47 >> Operação de escalonamento.
Fonte: Os autores.

Escavadeira – Equipamento com lança e caçamba. Pode ser usada em serviços de drenagem na escavação de valas e em terraplenagem nos serviços de corte e carga de caminhões (Figura 1.48).

Figura 1.48 >> Escavadeira em operação.
Fonte: Os autores.

Espeleologia – Estudo da formação e constituição de grutas e cavernas naturais.

Estaca testemunha – Estacas de madeira, com seção transversal retangular (4 x 6 cm) ou quadrada (4 x 4 cm) e com cerca de 50 cm de comprimento. Na face superior ou com um chanfro na parte superior, coloca-se o nome ou número do piquete para sua identificação e localização. Esta é cravada próximo ao piquete

Estação (topográfica) – Ponto de referência materializado para a realização de levantamentos topográficos e geralmente demarcado por piquetes, pregos ou pinos, ou apenas pintado com marcadores industriais ou tintas.

Estação total – Instrumento topográfico eletrônico utilizado na medida de ângulos e distâncias. A estação total ainda é capaz de armazenar os dados recolhidos e executar alguns cálculos mesmo em campo.

Estaqueamento – Implantação de estacas, piquetes ou marcações regularmente espaçadas em um terreno, geralmente de 20 em 20 metros, a fim de definir linhas diretrizes ou segmentos de projetos, como em curvas horizontais (Figura 1.49).

Estrada – Segundo o Código de Trânsito Brasileiro, via rural não pavimentada. Comumente refere-se também a qualquer via não urbana para transporte de pessoas e cargas.

Expedito – Conjunto de operações topográficas de pouca precisão, para fins apenas de reconhecimento.

F

Faixa de domínio – Faixa de terreno de pequena largura em relação ao comprimento, em que se localizam as vias e demais instalações, inclusive os acréscimos necessários para sua expansão (Figura 1.50).

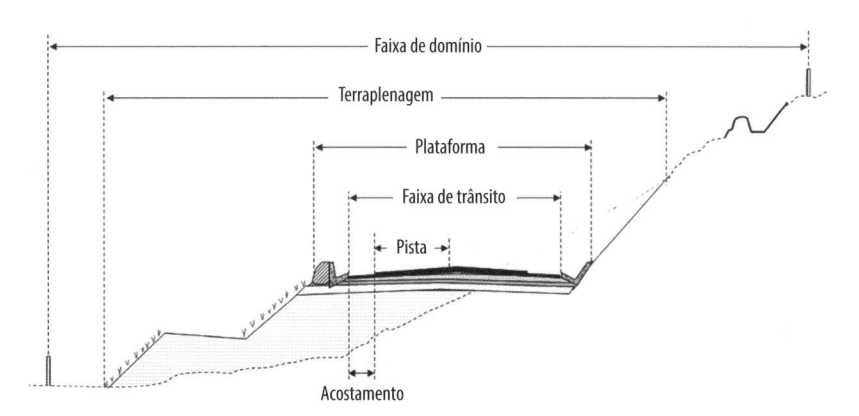

Figura 1.50 >> Elementos de uma via – Faixa de domínio.
Fonte: Os autores.

Fio de prumo – Instrumento para detectar ou conferir a vertical do lugar e elevar o ponto.

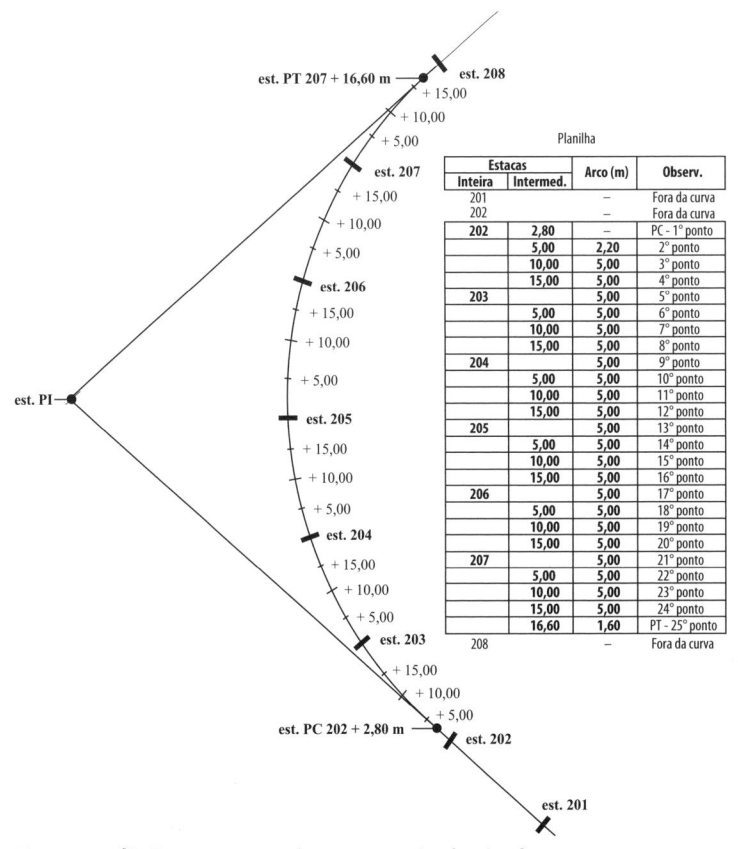

Figura 1.49 >> Estaqueamento de uma curva circular simples.
Fonte: Os autores.

Planilha

Estacas		Arco (m)	Observ.
Inteira	Intermed.		
201	–	–	Fora da curva
202	–	–	Fora da curva
202	2,80	–	PC - 1º ponto
	5,00	2,20	2º ponto
	10,00	5,00	3º ponto
	15,00	5,00	4º ponto
203		5,00	5º ponto
	5,00	5,00	6º ponto
	10,00	5,00	7º ponto
	15,00	5,00	8º ponto
204		5,00	9º ponto
	5,00	5,00	10º ponto
	10,00	5,00	11º ponto
	15,00	5,00	12º ponto
205		5,00	13º ponto
	5,00	5,00	14º ponto
	10,00	5,00	15º ponto
	15,00	5,00	16º ponto
206		5,00	17º ponto
	5,00	5,00	18º ponto
	10,00	5,00	19º ponto
	15,00	5,00	20º ponto
207		5,00	21º ponto
	5,00	5,00	22º ponto
	10,00	5,00	23º ponto
	15,00	5,00	24º ponto
	16,60	1,60	PT - 25º ponto
208	–	–	Fora da curva

G

Gabião (ou cestão) – Tipo de estrutura armada, flexível, drenante e de grande durabilidade e resistência (Figura 1.51).

Figura 1.51 >> Gabião.
Fonte: kwanchai.c/Shutterstock; Gubin Yury/Shutterstock.

Galeria – Corredor comprido e largo; tribuna para o público; varanda; corredor subterrâneo de onde é retirado o minério.

Geodésia – Ciência que se ocupa do estudo da forma, das dimensões do planeta e do campo gravitacional da Terra.

Geoide – Modelo físico da forma da Terra que representa uma superfície de pontos com o mesmo valor da gravidade, a partir da qual se determina a altitude ortométrica.

Georreferenciamento – Determinação das coordenadas geodésicas a partir de levantamentos geodésicos ou topográficos com referência ao Sistema Geodésico Brasileiro.

Geossintético – Denominação genérica de um produto polimérico industrializado, cujas propriedades contribuem para a melhoria de obras geotécnicas, desempenhando as seguintes funções: reforço, filtração, drenagem, proteção, separação, impermeabilização e controle de erosão superficial.

GNSS – Sigla de "Global Navigation Satellite Systems" ou "Sistemas Globais de Navegação por Satélite".

GPS – Sigla de "global positioning system", sendo um sistema de posicionamento por satélite que fornece a um aparelho receptor móvel a sua posição, assim como informações horárias, sob quaisquer condições atmosféricas, a qualquer momento e em qualquer lugar na Terra, desde que o receptor se encontre no campo de visão de três satélites GPS (quatro ou mais para uma precisão maior) (Figura 1.52).

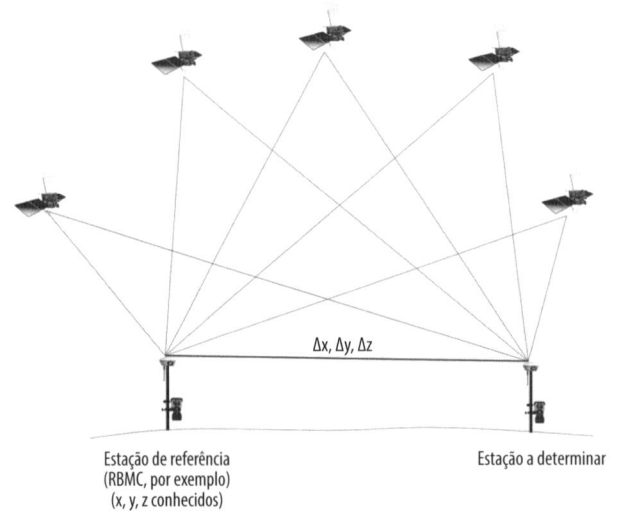

Figura 1.52 >> Método relativo GPS.
Fonte: Os autores.

GLONASS – Nome de um sistema de navegação global por satélite russo.

Greide – Perfil longitudinal ou transversal representando os pontos com as cotas de um projeto. No caso de uma estrada, o greide longitudinal é constituído por um conjunto de tangentes concordadas por curvas verticais. O profissional denominado "greidista" é o responsável por verificar se foi atingida a cota (greide) prevista no projeto de terraplenagem. Geralmente realiza o cálculo de material a ser usado em terraplanagem, orienta e acompanha o trabalho de corte e aterro, nivelamento e compactação de pistas e verifica estacas e marcações (Figura 1.53).

Figura 1.53 >> Supervisão do "greidista".
Fonte: bikeriderlondon/Shutterstock.

H

Hectare – Unidade de medição de áreas, múltipla do are (100 m²), ou seja, 1 hecto are (100 x 100 m² = 10.000 m²).

Hidrovia – Rota predeterminada para o tráfego aquático (Figura 1.54).

Figura 1.54 >> Hidrovia.
Fonte: Lisi4ka/Shutterstock.

Hipsometria – Técnica de representação das cotas ou altitudes de um terreno por meio de cores (Figura 1.55).

Figura 1.55
>> Representação hipsométrica de um terreno.
Fonte: Intrepix/Shutterstock.

I

Inclinação – Medida entre a superfície de uma rampa inclinada em relação a um plano horizontal. Pode ser representada em ângulo (α), percentagem (%) ou metro por metro (m/m) (Figura 1.81).

Interseção (de distâncias ou de ângulos) – Técnica topográfica para levantamento de pontos inacessíveis, onde se tem o encontro de duas linhas (ou visadas) que se cortam, sendo conhecidas as duas distâncias e um ângulo (de distâncias) ou dois ângulos e uma distância-base (de ângulos) (Figura 1.56).

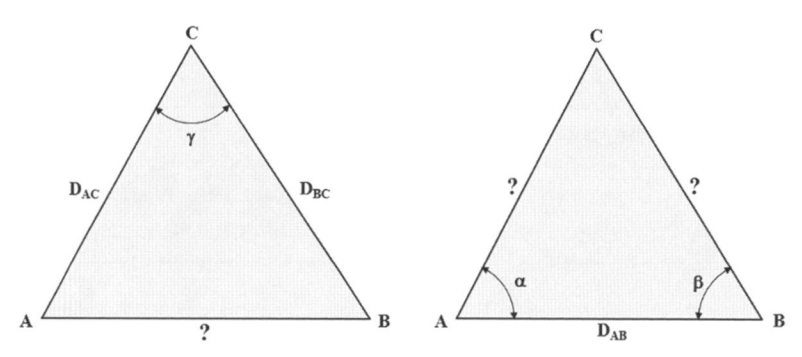

Figura 1.56 >> Interseção de distâncias e de ângulos.
Fonte: Os autores.

Interseção viária (ou cruzamento) – Interseção entre duas vias ou encontro entre duas vias.

Irradiação – Processo de medição de pontos naturais e artificiais a partir de uma ou mais estações topográficas com referência a uma poligonal (Figura 1.57).

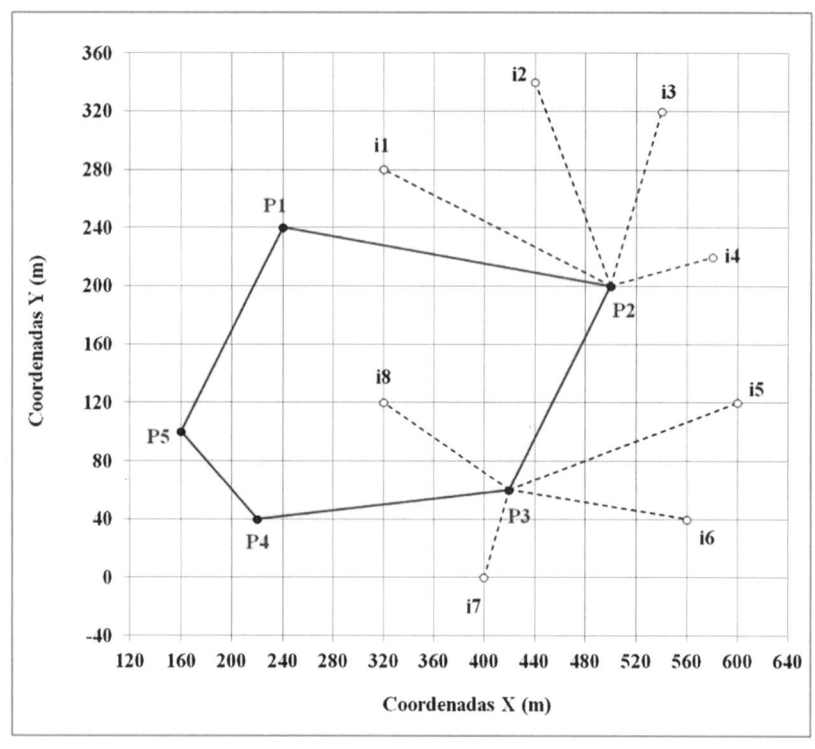

Figura 1.57 >> Irradiações de P2 e P3.
Fonte: Os autores.

J

Jarda – Unidade de comprimento nos sistemas de medida utilizados nos Estados Unidos e no Reino Unido, equivalente a 3 pés, 36 polegadas ou 0,9144 metros.

Jazida – Concentração local ou massa individualizada de uma ou mais substâncias úteis que tenham valor econômico ou geotécnico, seja na superfície ou no subsolo.

Jusante – Ponto mais baixo em relação a outro, considerando um curso d'água (Figuras 1.58 e 1.63).

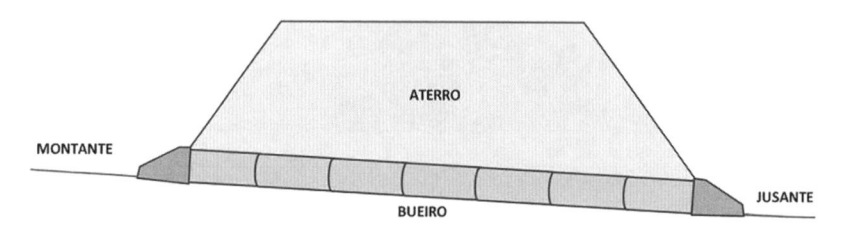

Figura 1.58 >> Jusante.
Fonte: Os autores.

L

Latitude (φ) – Medida angular, considerando o arco de meridiano delimitado pela vertical do lugar de interesse e o plano do Equador, podendo variar de 0° a 90° para Norte (N) ou (+) e de 0° a 90° para Sul (S) ou (-) (Figura 1.59).

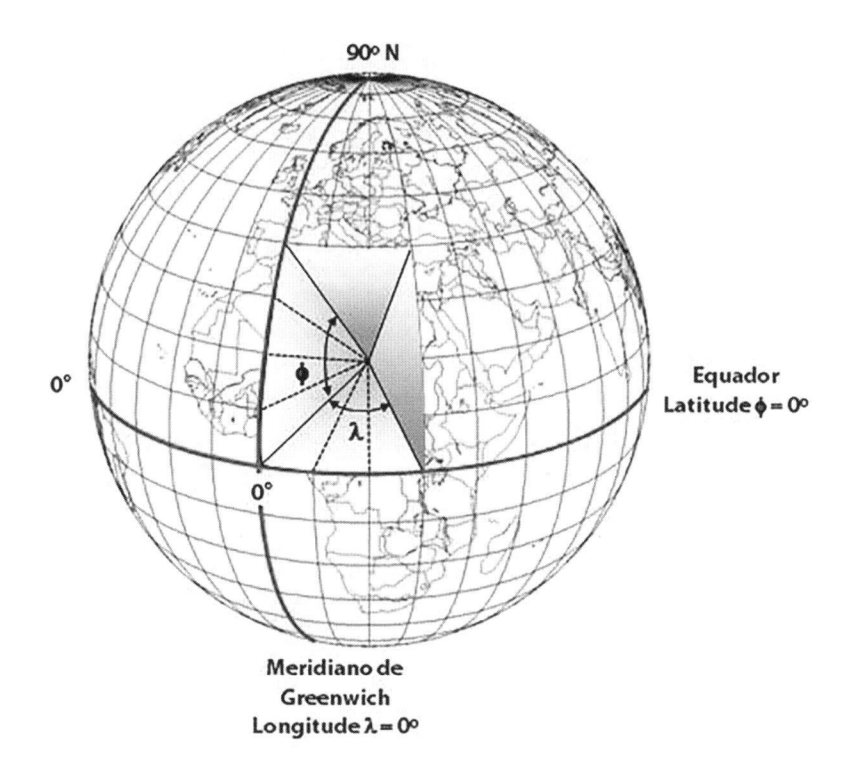

Figura 1.59 ›› Latitude (φ) e longitude (λ) representadas no globo terrestre.
Fonte: Os autores.

Laudo – Relatório técnico no qual peritos expõem as conclusões de seus levantamentos topográficos acerca de determinada perícia.

Lavra – Conjunto de operações coordenadas objetivando o aproveitamento industrial da jazida, desde a extração de substâncias minerais úteis que contiver até seu beneficiamento.

Légua – Denominação de várias unidades de medidas de itinerários (de comprimentos longos) utilizadas em Portugal, no Brasil e em outros países até a introdução do sistema métrico. As várias unidades com esta denominação tinham valores que variavam entre 2 a 7 quilômetros. Por exemplo, em São Paulo, principalmente no interior, denomina-se "légua" a distância percorrida a pé (caminhada) por uma hora, sendo igual a aproximadamente 2 quilômetros. Também no Estado de São Paulo, em algumas partes do interior (e em outras partes do Brasil), a légua terrestre é conhecida como 6 quilômetros. Relacionando a légua a outras unidades antigas, obtém-se: 3.000 braças = 6.000 varas = 30.000 palmos = 6.660 metros.

Locação – Demarcação ou materialização de pontos geodésicos ou topográficos, sejam planimétricos ou de referência de nível, que constem em um projeto.

Logradouro (público) – Espaço livre destinado à circulação, parada ou estacionamento de veículos, ou à circulação de pedestres (ruas, parques, calçadões, etc.).

Longitude (λ) – Medida angular com vértice no centro da terra a partir do plano do meridiano de Greenwich até o meridiano de referência do lugar, podendo variar de 0° a 180° para Leste (E) ou (+) e de 0° a 180° para Oeste (W) ou (-) (Figura 1.59).

Lote – Área ou porção de terreno.

M

Marco (geodésico) – Estrutura para demarcar um vértice geodésico, geralmente de concreto, que segundo a Norma de Padronização de Marcos Geodésicos, do IBGE (2008), deverá obedecer aos seguintes formato e dimensões: formato de tronco de pirâmide, base quadrangular de 30 cm de lado, topo quadrangular de 18 cm de lado e altura de 40 cm (Figura 1.60).

Figura 1.60 ›› Marco padrão IBGE.
Fonte: Os autores.

MDT – Modelagem Digital de Terreno.

Meio-fio – Fieira de pedra ou concreto, ao longo e nas bordas do pavimento e mais elevada que este, que o reforça e protege, e ainda limita a área destinada ao trânsito de veículos, separando-o do passeio (Figura 1.61).

Figura 1.61 >> Meio-fio.
Fonte: rSnapshotPhotos/Shutterstock; Maryna Pleshkun/Shutterstock.

Memorial descritivo – Descrição do perímetro, da área, dos confrontantes e das benfeitorias de um imóvel por meio de ângulos, distâncias ou coordenadas de seu perímetro.

Método das direções – Consiste nas medições angulares horizontais e verticais com visadas das direções, nas duas posições de medição permitidas pelo teodolito ou estação total (posição direta e inversa).

MNT – Modelo Numérico do Terreno.

Milha – Unidade antiga de medida de comprimento. A milha terrestre equivale a 1.760 jardas ou 5.280 pés, ou ainda, 1.609,344 metros; e a Milha náutica (ou milha marítima) equivale a 1.852 metros, utilizada quase exclusivamente em navegação marítima e aérea. Esta última (náutica) foi historicamente definida como o comprimento de um minuto de arco medido, à superfície média do mar, ao longo de qualquer grande círculo da Terra.

Mira – Régua graduada em centímetros ou milímetros utilizada na medição com nível ótico, para a determinação de cotas ou desníveis do terreno. Também é utilizada para a determinação das distâncias taqueométricas, com base nas visadas aos fios estadimétricos do taqueômetro (Figuras 1.62 e 1.65).

Figura 1.62 >> Miras.
Fonte: Os autores.

MMQ (método dos mínimos quadrados) – Técnica de otimização matemática que procura encontrar o melhor ajuste para um conjunto de dados tentando minimizar a soma dos quadrados das diferenças entre o valor estimado e os dados observados (tais diferenças são denominadas resíduos).

Monografia (do marco) – Relatório com informações das coordenadas de um marco topográfico ou geodésico, contendo: nome do ponto, Datum de referência, croqui de localização, fuso e/ou meridiano central, data, tempo de rastreio, nome do profissional, marca e modelo do GPS e foto.

Montante – Ponto mais alto em relação a outro, considerando um curso d'água (Figuras 1.58 e 1.63).

Figura 1.63 >> Montante de uma represa.
Fonte: Anton Foltin/Shutterstock.

Morgo – Unidade de medida de área usada no Estado de Santa Catarina equivalente a 2.500 m².

Motoniveladora (*patrol*) – Equipamento utilizado na terraplenagem e pavimentação para regularização e acabamento final das camadas de solo (Figura 1.64).

Figura 1.64 >> Motoniveladora.
Fonte: Os autores.

Multicaminhamento (*multipath*) – Recebimento de sinais refletidos em superfícies vizinhas aos receptores GNSS, como construções, carros, árvores, cercas, etc.

N

NA (Nível d'água ou espelho d'água) – Altura da superfície livre de uma massa de água em relação a um plano de referência.

Nível de cantoneira – Acessório topográfico utilizado para auxiliar na definição da verticalidade de outro instrumento, como de balizas e bastões topográficos (Figura 1.65).

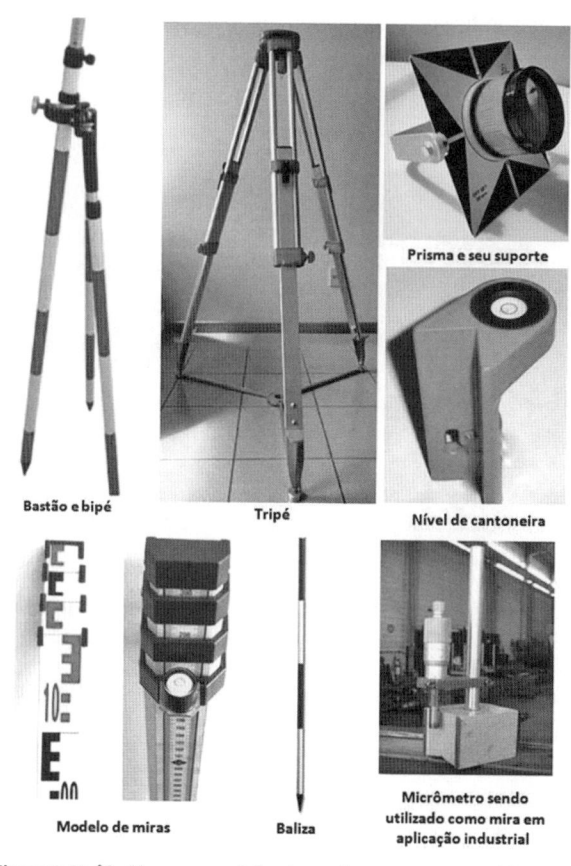

Figura 1.65 >> Alguns acessórios de equipamentos topográficos.
Fonte: Os autores.

Nivelamento – Prática topográfica com o objetivo de obter cotas ou diferenças de nível de um terreno ou estrutura (Figura 1.66).

Figura 1.66 >> **Nivelamento de uma estrutura.**
Fonte: Os autores.

Normal do ponto – Linha perpendicular ao elipsoide de referência que passa por um ponto.

Nota de serviço – Plano detalhado das operações a serem realizadas pelo pessoal engajado, geralmente em um serviço de terraplenagem.

O

Obra de arte corrente – Construção que, por sua frequência e dimensões restritas, geralmente obedece a um projeto padrão, por exemplo, bueiros e estruturas de drenagem superficial (Figura 1.67).

Figura 1.67 >> **Detalhe da drenagem superficial.**
Fonte: Phuong D. Nguyen/Shutterstock; Take Photo/Shutterstock; serato/Shutterstock.

Obra de arte especial – Construção que é objeto de projeto específico: túneis, pontes, viadutos, passagens superiores e inferiores, muros de arrimo, etc. (Figura 1.68).

Figura 1.68 >> **Exemplo de obras de arte especiais.**
Fonte: Liane M/Shutterstock; ansem/Shutterstock.

Ocidente – Parte da Terra que fica a oeste (esquerda) do Meridiano de Greenwich.

Offset – Estaca cravada a 2 m da crista de corte ou pé do aterro no alinhamento da seção transversal para referência topográfica que delimita o início da terraplenagem, geralmente com as marcações de cotas (Figura 1.69).

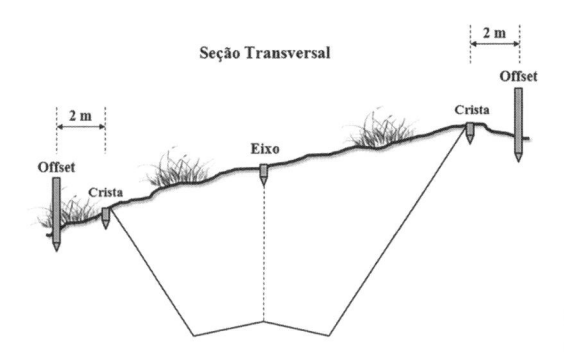

Figura 1.69 >> Offset.
Fonte: Os autores.

Ombreira – Parte da superestrutura de uma ferrovia, correspondente ao espaço entre a ponta do dormente e a crista do lastro (brita) (Figura 1.70).

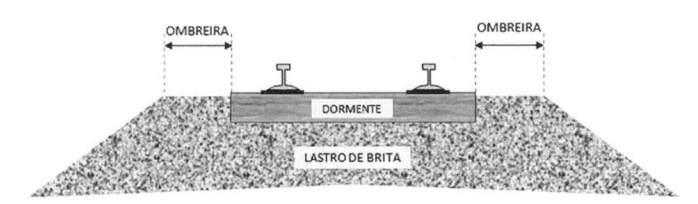

Figura 1.70 >> Seção transversal do lastro de ferrovia.
Fonte: Os autores.

Oriente – Parte da Terra que fica a leste (direita) do Meridiano de Greenwich.

P

Paquímetro – Equipamento de precisão com leitura de até centésimos de milímetro, apropriado para medições de pequenas peças, podendo ser de leitura mecânica ou digital (Figura 1.71).

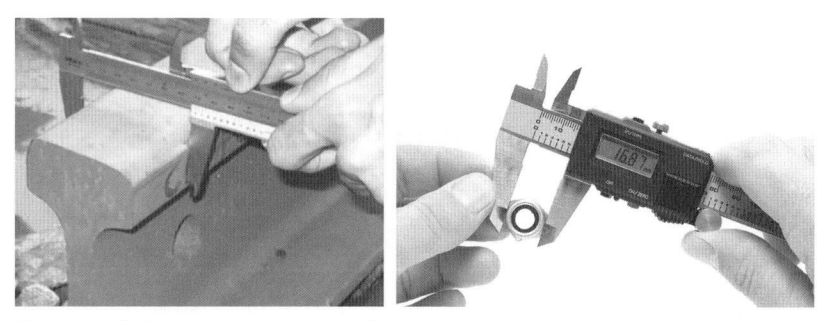

Figura 1.71 >> Paquímetros mecânico e digital.
Fonte: Os autores; Rob kemp/Shutterstock.

Passagem de nível – Local onde a via férrea cruza uma rua ou rodovia no mesmo nível (Figura 1.72).

Figura 1.72 >> Passagem de nível.
Fonte: remik44992/Shutterstock; Shane Trotter/Shutterstock.

Passarela – Transposição de vias em desnível aéreo para uso de pedestres.

Patim – Base do trilho, por meio do qual o trilho é apoiado e fixado nos dormentes (Figura 1.11).

PDOP – Sigla de "*Dilution of Precision*" (DOP), ou Diluição de Precisão no GNSS, que está relacionada à geometria da posição dos satélites, podendo interferir na precisão horizontal e vertical das coordenadas.

Parábola (da curva vertical) – Tipo de curva vertical para concordância das tangentes em um greide, podendo ser côncava ou convexa (Figura 1.73).

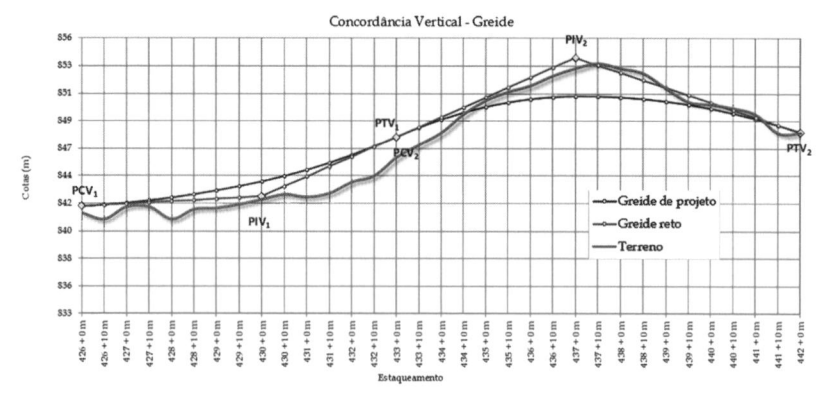

Figura 1.73 >> Parábola vertical.
Fonte: Os autores.

Pé – Unidade de medida linear que equivale a 12 polegadas ou 30,48 cm. Em inglês *"foot"* (e *"feet"* no plural), em símbolo "ft" ou ("). Exemplo: 15 feet, 15 ft ou 15".

Pé (do talude) – Linha que une os pontos mais baixos de um talude.

Peçonhento, animais – Animal potencialmente perigoso que possui glândulas e mecanismos de injeção de veneno (serpentes, aranhas, escorpiões, abelhas, lacraias e outros).

Perfil – Representação gráfica de um corte vertical do terreno segundo uma direção de interesse. Neste desenho são plotadas as distâncias e cotas (ou desníveis), respectivamente nos eixos horizontal e vertical, considerando uma escala. A escala vertical pode ser exagerada para a visualização dos desníveis (Figura 1.74).

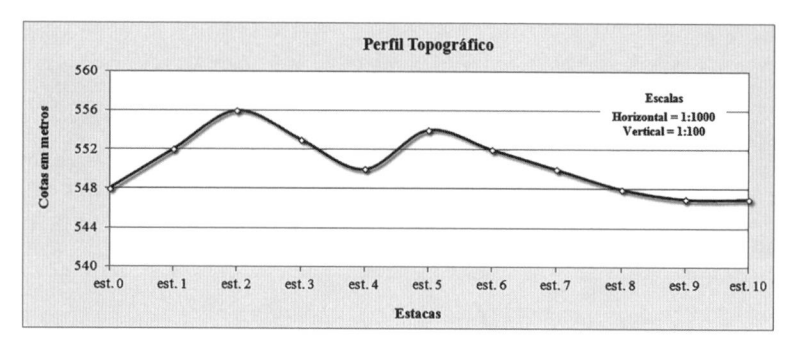

Figura 1.74 >> Perfil topográfico.
Fonte: Os autores.

Perímetro – Linha que delimita uma área ou região.

Perneira – Equipamento de proteção individual, feito de couro ou raspa de couro, para a proteção das pernas (do joelho para baixo). Nos serviços topográficos, é utilizada principalmente na prevenção contra picadas de cobras.

Peritagem – Análise ou vistoria topográfica feita por um ou mais peritos. Comumente, o perito é nomeado por um juiz para, além de fazer vistorias, intervir nas ações de demarcação, divisão, manutenção e reintegração de posse.

Picada – Caminho aberto dentro de uma mata para passagem da equipe de trabalho e realização das visadas.

Piquete – São pequenas estacas de madeira, com cerca de 15 cm de comprimento, cravadas no terreno e que servem para a materialização de um ponto topográfico (Figura 1.75).

Figura 1.75 >> Piquetes.
Fonte: Os autores.

Planialtimetria – Levantamento de informações em campo que possibilitem a representação da planimetria e altimetria em uma única planta, carta ou mapa, por meio de curvas de nível.

Planicidade – Termo utilizado na topografia industrial para expressar que uma superfície está plana (vertical ou horizontal), sem rugosidades ou deformações (Figura 1.76).

Figura 1.76 >> Medição da planicidade de uma peça.
Fonte: Os autores.

Planilha (topográfica) – Formulário próprio para anotação e cálculos topográficos, específico para cada tipo de serviço.

Planimetria – Conjunto de operações necessárias para definir e representar graficamente a projeção ortogonal de pontos do terreno sobre uma superfície de nível.

Plano de fogo – Refere-se ao projeto de um desmonte de rocha, no qual constam profundidade e afastamentos dos furos (da frente livre e entre si), com a especificação de explosivos, cargas dos explosivos em cada furo, carga total em todos os furos e esquema de detonação (Figura 1.77).

Figura 1.77 >> Plano de fogo.
Fonte: Andriy Solovyov/Shutterstock; Dmitri Melnik/Shutterstock.

Plano topográfico local – Plano horizontal de determinado local para representação gráfica dos pontos do terreno. Na NBR 14.166, este plano é elevado à altitude ortométrica (H) média da área de abrangência para o cálculo das coordenadas cartesianas a partir das coordenadas geodésicas, associadas ao SGB.

Polegada – Unidade de medida linear que equivale a 2,54 cm. Em inglês "inch" ("inches" no plural), em símbolo "in" ou ("). Exemplo: 50 inches, 50 in ou 50". Pode ser expressa ainda em formato de fração: Exemplo: (três pés, cinco e um oitavo de polegadas) (três pés, cinco polegadas mais um oitavo de polegadas).

Poligonal – Sucessão de pontos topográficos "amarrados" entre si, por meio de ângulos e distâncias (ou coordenadas), para servirem de apoio ao levantamento topográfico. As poligonais podem ser abertas ou fechadas. As abertas ainda podem ser com controle ou sem controle (Figura 1.78).

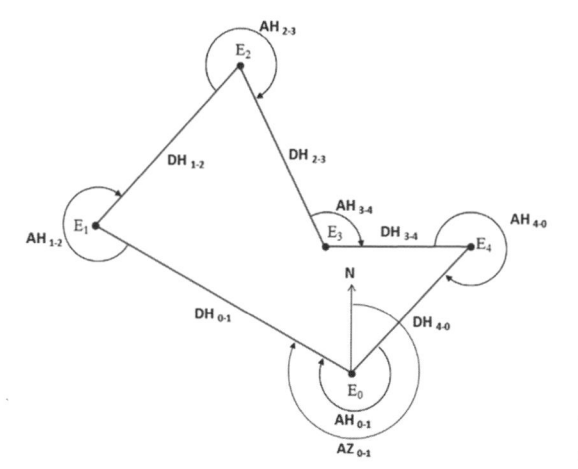

Figura 1.78 >> Poligonal fechada (ou em "*looping*").
Fonte: Os autores.

Ponto topográfico – Posição de destaque, estrategicamente situada na superfície terrestre, materializada por meio de piquetes, marcos ou estacas, para a realização de levantamentos topográficos.

PP (ponto de passagem) – Nas obras de terraplenagem, define a linha de pontos de transição entre o corte e o aterro.

PPM (parte por milhão) – Quantidade de uma unidade, em um milhão de partes desta mesma unidade, por exemplo, uma estação total com precisão de ± 10 ppm significa que esta possui um erro relativo de ± 10 milímetros em 1 milhão de milímetros, ou seja, ± 10 mm em 1 km, numa medida de distância.

Popa – Em náutica, parte de trás de uma embarcação, oposto à proa (Figura 1.25).

Precisão – Está associada à tolerância do erro de uma determinada medição. Portanto, se o erro tolerável foi atendido, as medidas são consideradas precisas.

Prisma – Acessório utilizado para a leitura da estação total (Figura 1.65).

Proa – Em náutica, a parte da frente de uma embarcação, oposto à popa (Figura 1.25).

PV (Poço de visita) – Caixa de passagem de uma canalização com acesso na superfície da via por meio de uma tampa (Figura 1.79).

Figura 1.79 >> Poço de visita.
Fonte: serato/Shutterstock; birdpitts/Shutterstock.

Q

Quadrante – Um quarto da circunferência definido pelas direções norte-sul e este-oeste (Figura 1.91).

R

Raio (de curva) – Parâmetro utilizado em topografia para cálculo e locação de curvas horizontais simples ou com transição em espiral de um projeto viário (Figura 1.37).

Rachão (pedra de mão, pedra marroada) – Agregado constituído do material que passa no britador primário e é retido na peneira de 76 mm. A NBR 9935 define rachão como "pedra de mão", de dimensões entre 76 e 250 mm. Usada na fabricação de muros de contenção, barreiras, bases, aterramento de áreas, drenagem em obras e rodovias, calhas, rios, encostas e muros, aterramentos e nivelamentos de áreas ferroviárias, dreno (Figura 1.80).

Figura 1.80 >> Rachão ou pedras de mão.
Fonte: Os autores.

Rampa – Superfície inclinada de uma rua, estrada ou talude, podendo ser em aclive ou declive. Sua inclinação pode ser expressa em percentual, m/m ou angular (Figura 1.81).

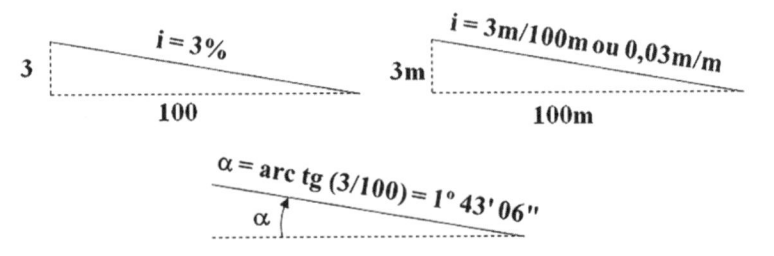

$i = 3\%$

$i = 3m/100m$ ou $0{,}03 m/m$

$\alpha = \text{arc tg}\,(3/100) = 1° 43' 06''$

Figura 1.81 >> Rampas em percentual, m/m e angular.
Fonte: Os autores.

Ravina – Acidente geográfico em função da ação das águas, provocando uma erosão de grandes proporções. São normalmente consideradas de maior escala do que uma voçoroca (Figura 1.82).

Figura 1.82 >> Ravina.
Fonte: lenisecalleja.photography/Shutterstock.

Ré (ou visada de ré) – Em relação a uma poligonal, refere-se à visada do ponto posicionado anterior à estação de instalação. No nivelamento geométrico, refere-se à visada a um ponto de cota ou altitude conhecida (Figura 1.83).

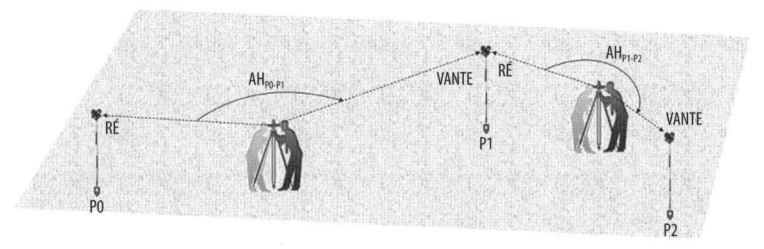

Figura 1.83 >> Visadas de ré e de vante.
Fonte: Os autores.

Recalque – Movimentação vertical descendente de uma estrutura devido ao adensamento, solapamento ou rompimento do solo, em sua fundação.

Rede geodésica – Materialização de estações com valores de coordenadas geodésicas conhecidas, constituindo o SGB (Sistema Geodésico de Referência), no caso, a nível nacional. Pode-se materializar também uma rede geodésica local ou regional para fins de uma aplicação específica, como de mineradoras, para prefeituras, etc. (Figura 1.84).

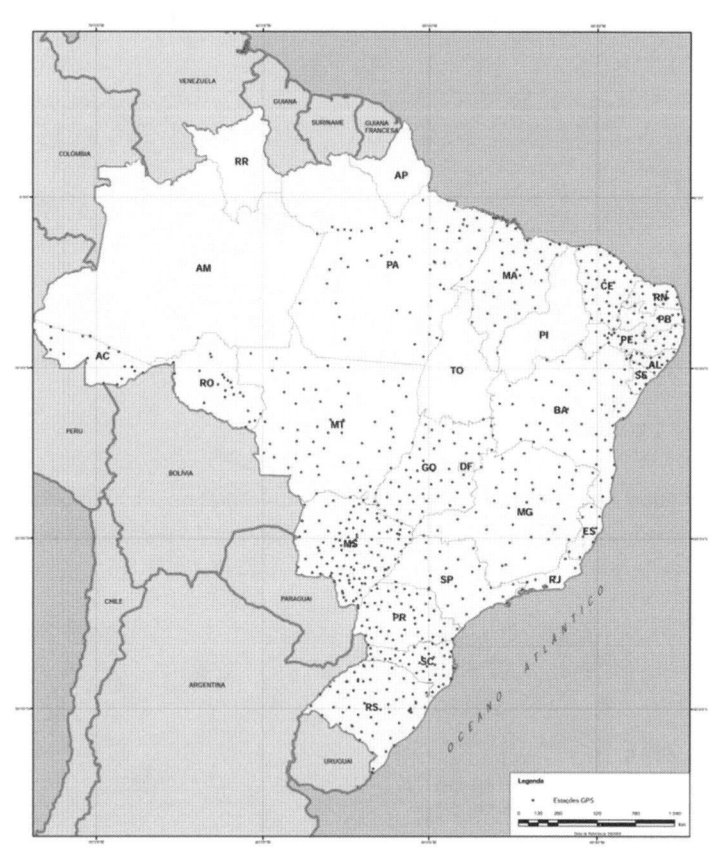

Figura 1.84 >> Rede geodésica.
Fonte: IBGE (201-?).

Reserva legal – Tipo de área protegida prevista pelo Código Florestal Brasileiro. É uma área localizada no interior de uma propriedade rural, necessária ao uso sustentável dos recursos naturais, à conservação e reabilitação dos processos ecológicos, à conservação da biodiversidade e ao abrigo e proteção de fauna e flora nativas.

Retroescavadeira – Equipamento de médio porte que possui um braço articulado com caçamba em sua traseira, utilizado na escavação de valas, e uma caçamba frontal para carregamento de materiais em obras de construção em geral (Figura 1.85).

Figura 1.85 >> Retroescavadeira.
Fonte: Dmitry Kalinovsky/Shutterstock.

Rip rap – Dispositivo de contenção de taludes que utiliza sacos com solo e cimento arrumados de forma a manter a estabilidade, porém não tem função estrutural (Figura 1.86).

Figura 1.86 >> Rip rap.
Fonte: think4photop/Shutterstock; warin keawchookul/Shutterstock; Annavee/Shutterstock.

Roçada – Operação que consiste em cortar arbustos, capins e pequenas plantas acima das raízes, podendo ser manual (foice) ou mecanizada (roçadeira costal) (Figura 1.87).

Figura 1.87 >> Execução de uma roçada.
Fonte: DoublePHOTO studio/Shutterstock; WathanyuSowong/Shutterstock.

Rodovia – Vias rurais de rodagem pavimentadas, o que corresponde a uma via de transporte interurbano de alta velocidade, que podem ou não proibir o seu uso por parte de pedestres e ciclistas, sendo de fácil identificação por sua denominação (Figura 1.88).

Figura 1.88 >> Rodovia.
Fonte: Os autores; Iakov Kalinin/Shutterstock.

RN – Referência de nível. Ponto topográfico cotado que serve de referência altimétrica em um nivelamento (Figura 1.89).

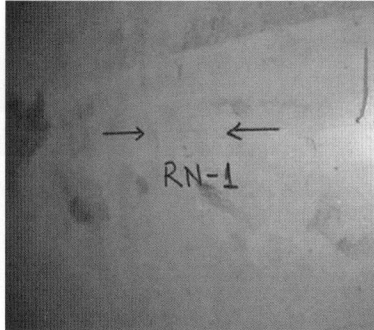

Figura 1.89 >> Pontos de referência de nível.
Fonte: Os autores.

Rolo compactador – equipamento utilizado para compactação dos solos nos aterros (pata curta). Existem também modelos específicos para pavimentação (rolo liso e rolo de pneus) (Figura 1.90).

Figura 1.90 >> Modelos de rolos compactadores.
Fonte: Os autores.

Rumo – Menor ângulo horizontal no sentido horário ou anti-horário, formado entre a direção norte-sul e um alinhamento, tendo como origem o sentido norte ou sul, e variável de 0° e 90° podendo ser nos quadrantes NE, SE, SW ou NW (Figura 1.16 e Figura 1.91).

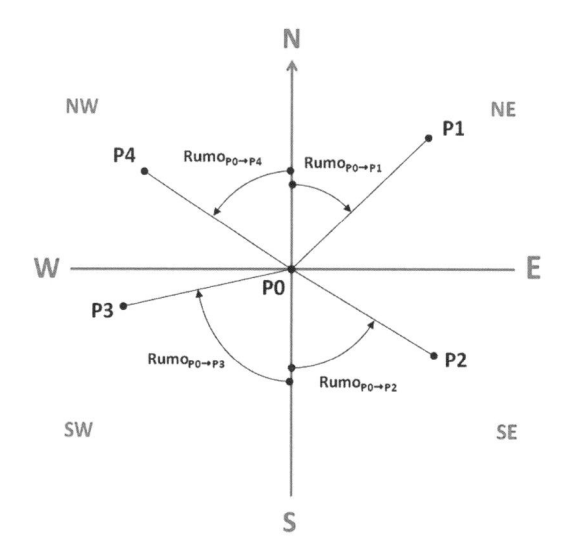

Figura 1.91
>> Representação dos rumos.
Fonte: Os autores.

S

SAD-69 (South American Datum 1969) – Modelo de datum topocêntrico para a América do Sul que define um formato para a terra para uso na geodésia, configurando, assim, um sistema de referência que permita a localização única de cada ponto da superfície em função de suas coordenadas tridimensionais, sendo materializada por uma rede de estações geodésicas. A partir de 25 de fevereiro de 2015, este sistema foi substituído pelo SIRGAS2000 (Sistema de Referência Geocêntrico para as Américas), sendo o único sistema geodésico de referência oficialmente adotado no Brasil, segundo o IBGE (2015)..

Sapata (acessório) – Instrumento utilizado para apoio da mira em nivelamento geométrico (Figura 1.92).

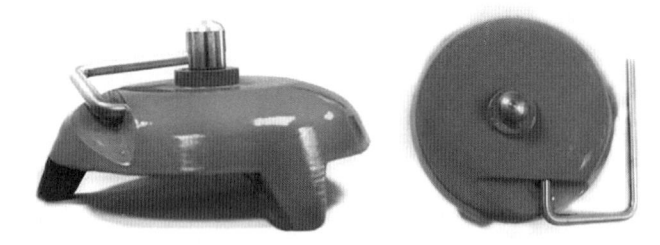

Figura 1.92 >> Sapatas.
Fonte: Os autores.

Sapata (obra civil) – Tipo de fundação superficial que distribui a carga de uma estrutura no solo (Figura 1.93).

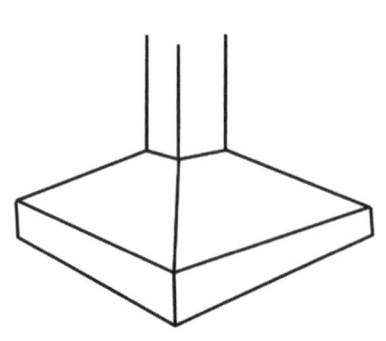

Figura 1.93 >> Sapata.
Fonte: Os autores.

Sarjeta – Dispositivo de drenagem superficial construído na plataforma viária, com a finalidade de conduzir longitudinalmente para um local próprio as águas pluviais (Figura 1.94).

Figura 1.94 >> Detalhe da sarjeta de uma via.
Fonte: Os autores.

Seção transversal (em estradas) – Representação transversal do terreno e do projeto, em perfil, onde geralmente utilizam-se escalas diferenciadas para o eixo vertical e para o eixo horizontal (Figura 1.95).

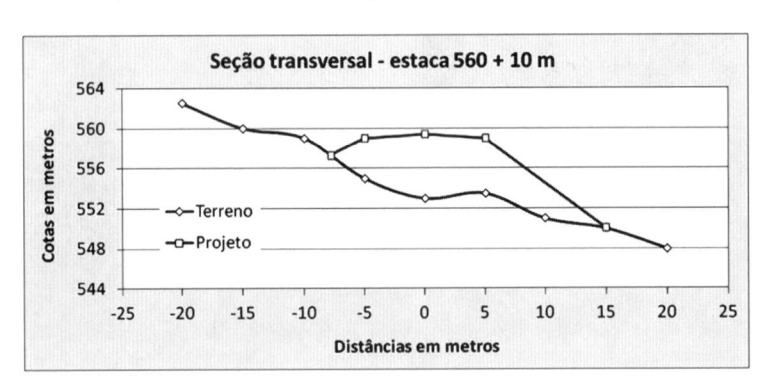

Figura 1.95 >> Seção transversal.
Fonte: Os autores.

SIRGAS 2000 (Sistema de Referência Geocêntrico para as Américas) – Sistema oficial de referência geodésico brasileiro e referência para as atividades da cartografia brasileira.

Solapamento – Processo de desgaste longitudinal do solo provocado pela correnteza das águas por debaixo de uma estrutura.

Solução fixa – Condição quando se consegue chegar a um valor conhecido para a ambiguidade, que é o número inteiro de ciclos entre a antena do satélite e a do receptor GPS.

Solução flutuante – Condição em que não se consegue um número inteiro de ciclos da fase de batimento da onda portadora, apresentando um vetor em números fracionado de ciclos, prejudicando a precisão do posicionamento GPS.

Sondagem – Processo de investigação de subsuperfície que permite o recolhimento de amostras de solo e de rocha (Figura 1.96).

Figura 1.96 >> Sondagem.
Fonte: Os autores.

T

Tabeira (gabarito) – Estrutura de madeira utilizada para demarcar obras de engenharia (Figura 1.97).

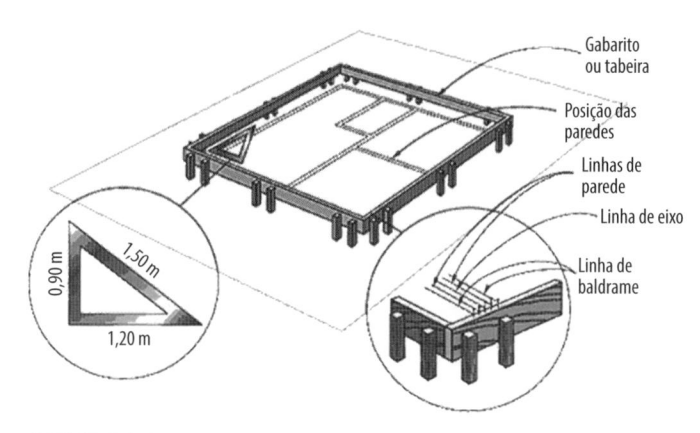

Figura 1.97 >> Tabeira.
Fonte: Os autores.

Talude – Superfície definida pela área de acabamento de um corte ou aterro, formando um ângulo com o planto vertical ou horizontal (Figura 1.98).

Figura 1.98 >> Talude de corte.
Fonte: Os autores.

Taqueômetro – Equipamento topográfico eletrônico utilizado nas medições de ângulos e distâncias.

Tangentes externas (da curva) – Nas curvas circulares simples, referem-se às distâncias retas do PC (ponto de curva) ao PI (ponto de inflexão) e do PT (ponto de tangente) ao PI (Figura 1.37). Nas circulares com transição em espiral, referem-se às distâncias retas do TS (ponto de tangente para espiral) ao PI (ponto de inflexão) e do ST (ponto de espiral para tangente) ao PI (Figura 1.38).

Tarefa (empreitada) – Quantidade de trabalho realizado ou a realizar dentro de um prazo estabelecido.

Teodolito – Goniômetro destinado à medição de ângulos horizontais e/ou verticais (Figura 1.99).

Figura 1.99 >> Teodolitos em uso.
Fonte: Os autores.

Terra devoluta – Terrenos públicos que não são inscritos ou reservados para um determinado fim.

Terraplenagem – Movimentação de solo em uma obra, cortes e aterros, normalmente executados com equipamentos específicos (Figura 1.100).

Figura 1.100 >> Obras de terraplenagem.
Fonte: Os autores.

Testada – Parte da via pública que fica à frente de um lote. Divisa do lote com a calçada (Figura 1.101).

Figura 1.101 >> Detalhes de testada dos lotes.
Fonte: Os autores.

Tirefond (tirefão) – Tipo de parafuso usado em ferrovia para fixação dos trilhos, ou de placas de apoio, aos dormentes de madeira ou sintéticos (Figura 1.102).

Figura 1.102 >> Tirefond.
Fonte: Os autores.

Tolerância – Valor indicado de acordo com normas específicas para verificação de erros em levantamentos topográficos.

Traçado – Na topografia, entende-se como uma sucessão de alinhamentos para servir de referência à elaboração do projeto.

Trecho – Porção do traçado, seja de uma rodovia, ferrovia ou dutovia.

Triangulação – Técnica topográfica em que são medidos todos os ângulos de um triângulo, geralmente tendo-se uma base como referência. Foi muito utilizada no passado para a ampliação de base e para o transporte das coordenadas geodésicas por meio do ajustamento da rede geodésica.

Trilateração – Técnica em que se medem todas as distâncias de um triângulo para a determinação da posição de um vértice. O posicionamento GPS utiliza-se da técnica de trilateração.

Trincheira – Escavação longa com seção adequada para comportar uma estrutura, uma fundação, ou para cortar ou conduzir água.

Tripé – Acessório utilizado na topografia para apoio de equipamentos como teodolitos, níveis, estação total e GPS. É composto por três pernas ajustáveis, que facilitam o nivelamento (Figura 1.103).

Figura 1.103 >> Tripés.
Fonte: Os autores.

Túnel – Obra geotécnica subterrânea com a função de passagem ou caminho, construída onde é inviável uma obra de terraplenagem.

U

Usucapião – Modo de aquisição da propriedade e/ou de qualquer direito real que se dá pela posse prolongada do terreno, de acordo com os requisitos legais, sendo também denominada prescrição aquisitiva.

UTM – Sigla de *"Universal Transversa de Mercator"* que utiliza um sistema de coordenadas cartesianas bidimensional para representar a superfície da Terra em uma projeção cartográfica cilíndrica transversa, considerando a terra divida em 60 fusos (Figura 1.104).

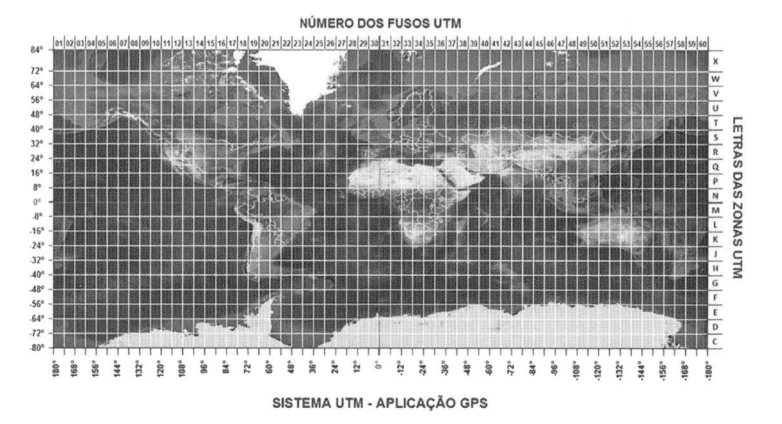

Figura 1.104 >> Sistema UTM.
Fonte: Os autores.

V

Vala – Escavação a céu aberto, destinada a recolher e conduzir águas ou construir uma canalização (Figura 1.105).

Figura 1.105 >> Vala.
Fonte: Sigur/Shutterstock; Elena11/Shutterstock.

VANT – Sigla de "Veículo Aéreo Não Tripulado", que pode ser utilizado para realizar serviços na área de topografia, transportando equipamentos da área de sensoriamento remoto (Figura 1.106).

Figura 1.106 >> VANT.
Fonte: Mila Supinskaya Glashchenko/Shutterstock.

Vante (visada de vante) – Visada para a marcação de um ponto topográfico a partir de um ponto anterior de coordenadas conhecidas. No nivelamento geométrico, refere-se à visada a um ponto do qual se deseja calcular a cota ou altitude desconhecida (Figura 1.83).

Vertente (encosta) – Declive de um dos lados de montanha ou cordilheira por onde corre a água; o mesmo que encosta (Figura 1.107).

Figura 1.107 >> Vertente ou encosta.
Fonte: Vaclav Volrab/Shutterstock.

Vertical do ponto – Eixo vertical que passa pelo ponto perpendicular ao plano topográfico local. Pode ser materializado pelo fio de prumo (Figura 1.108).

Figura 1.108 >> Fio de prumo.
Fonte: Wittybear/Shutterstock.

Via férrea – Duas ou mais fiadas de trilhos assentadas e fixadas paralelamente sobre dormentes constituindo a superfície de rolamento. Quando se tem duas fiadas de trilhos, a via é para uma bitola, sendo denominada via singela; por outro lado, é denominada via mista se tiver três fiadas para duas bitolas (Figura 1.109).

Figura 1.109 >> Via férrea singela e via férrea mista.
Fonte: Os autores.

Via permanente – Área que abrange toda a linha férrea, os edifícios, as linhas telegráficas, etc. (Figura 1.110).

Figura 1.110 >> Via permanente.
Fonte: Os autores.

Voçoroca – Fenômeno geológico que consiste na formação de erosão de grande porte, causada pela chuva e pelas intempéries (Figura 1.111).

Figura 1.111 >> Voçoroca.
Fonte: salajean/Shutterstock.

Z

Zênite – Ponto (imaginário) interceptado por um eixo vertical traçado a partir da cabeça de um observador (localizado sobre a superfície terrestre) e que se prolonga até a esfera celeste (Figura 1.112).

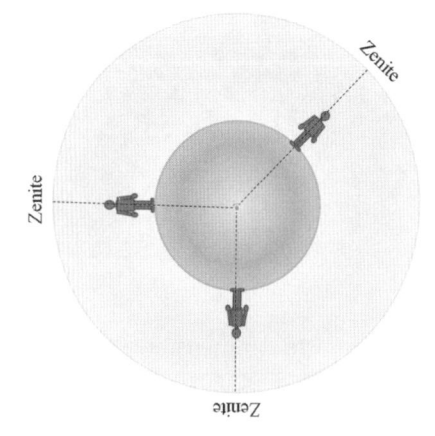

Figura 1.112
>> Representação do zênite.
Fonte: Os autores.

W

WGS-84 (*World Geodetic System* 1984) – Sistema geodésico geocêntrico desenvolvido pelo Departamento de Defesa dos Estados Unidos da América. É o sistema de referência atualmente utilizado pelo GPS. No desenvolvimento do WGS-84, utilizaram-se como base os parâmetros do sistema geodésico de referência de 1980 (NATIONAL GEOSPATIAL-INTELLIGENCE AGENCY, 1984).

CAPÍTULO 2

Planejamento das práticas de topografia

O planejamento das práticas topográficas consiste em preparar e organizar um serviço ou uma tarefa, estabelecendo etapas, métodos, equipamentos, equipe, riscos e custos da atividade (Figura 2.1). De fato, na maioria das vezes é o próprio profissional quem terá de determinar a técnica e as ferramentas a serem utilizadas, tendo em vista os objetivos do trabalho que, inclusive, talvez sejam inéditos.

Os vários tipos de serviços de topografia listados no Cap. 1 são executados por etapas, algumas semelhantes, outras diferentes. Logo, para alcançar o objetivo do serviço, deve-se realizar antecipadamente um estudo de cada tipo de atividade.

Desta forma, a partir da atividade em questão, o profissional deve planejar com segurança os serviços topográficos, bem como criar um método sequencial para a sua realização. Há quatro etapas mais comuns para a realização de uma prática de topografia:

1. reconhecer as condições de campo;
2. definir o método de levantamento e escolha dos equipamentos;
3. tratar os dados do levantamento;
4. fazer a locação e o acompanhamento da obra.

Cada passo será descrito a seguir.

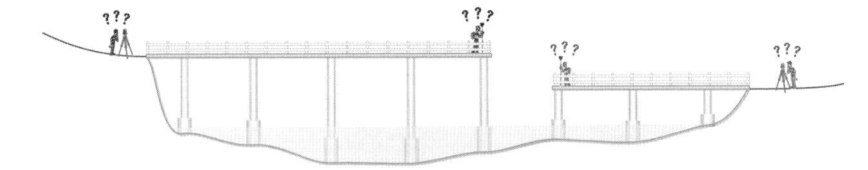

Figura 2.1 >> Importância do planejamento.
Fonte: Os autores.

>> Reconhecimento das condições de campo

O primeiro passo é o reconhecimento das condições de campo, o que é imprescindível para que o profissional consiga se planejar tecnicamente para determinada obra. É nessa etapa que o profissional irá predefinir os tipos de equipamentos, o pessoal necessário, a estimativa de tempo, a logística e mobilização, a análise dos riscos e uma prévia dos custos envolvidos (Figura 2.2).

Figura 2.2 >> A importância do reconhecimento da região do serviço.
Fonte: Kochneva Tetyana/Shutterstock.

Dependendo do serviço e visando a sua perfeita identificação, o profissional deverá, entre outras medidas, realizar visitas ao local da obra, fazendo anotações, construindo croquis e executando um registro fotográfico (Figura 2.3).

Figura 2.3 >> Registro fotográfico para reconhecimento do local.
Fonte: Adam Ziaja/Shutterstock.

Outra ação importante desta etapa de identificação das condições de campo é reconhecer o local por meio de imagens aéreas ou orbitais (Figura 2.4), de modo a garantir uma visualização apropriada do tipo de serviço por outros ângulos. Ainda é importante conhecer as condições climáticas da localidade de forma a garantir a viabilidade das medições.

Figura 2.4 >> Reconhecimento por meio de imagens aéreas ou orbitais.
Fonte: Miks Mihalis Ignats/Shutterstock; John Wollwerth/Shutterstock.

Medidas adicionais que certamente garantirão a qualidade e a eficácia do processo de planejamento técnico de um serviço topográfico compreendem a procura de certidões cartoriais, constando matrículas ou transcrições, bem como de escrituras públicas atuais e/ou antigas; a busca por cadernetas de campo e/ou planilhas de cálculos de levantamentos anteriores, além de croquis e plantas topográficas atuais e/ou antigas; a identificação do local por meio de cartas e mapas; a solicitação de relatórios técnicos e desenhos/projetos anteriores, como *"as built"* (ou "como construído"); a pesquisa da existência de redes de marcos topográficos ou geodésicos na região, bem como da existência de acessos, instalações de apoio e logística; a verificação das condições e normas de segurança; a realização de entrevistas com os clientes e envolvidos (por exemplo, confrontantes) sobre as necessidades e expectativas.

Ao obedecer esses procedimentos, você garantirá que seu planejamento foi feito com cuidado, sem negligenciar aspectos básicos de qualquer serviço topográfico solicitado.

» Definição do método de levantamento e escolha dos equipamentos

Depois do pleno reconhecimento da região do trabalho topográfico, é na etapa de levantamento que se realiza a coleta dos dados de campo, de acordo com o tipo de obra e a necessidade do serviço (Figura 2.5).

Geralmente, duas grandezas básicas serão levantadas em campo: ângulos e distâncias (horizontais e verticais). Para tal, conforme será abordado adiante neste capítulo, é fundamental garantir que métodos e equipamentos, acessórios e materiais adequados sejam utilizados. Estes equipamentos devem estar em boas condições de uso, com uma constante retificação portando atestados de certificação por empresas do ramo.

Figura 2.5 » Fase de levantamentos dos dados.
Fonte: Os autores.

» Tratamento dos dados do levantamento

Após o levantamento de campo, os dados coletados serão tratados em escritório. O tipo de tratamento depende do método de levantamento realizado, do tipo de equipamento e dos produtos a serem gerados, conforme apresentado no Cap.1.

Um incorreto tratamento dos dados pode acarretar em prejuízos e no retrabalho em obras de engenharia. Nesta fase o profissional deve conhecer a precisão em que foram obtidos os dados, das normas que foram submetidos estes levantamentos, dos critérios de aceitação e tolerâncias do trabalho, das técnicas de distribuição dos erros, bem como, de quais produtos se destinam os dados e da escala de representação.

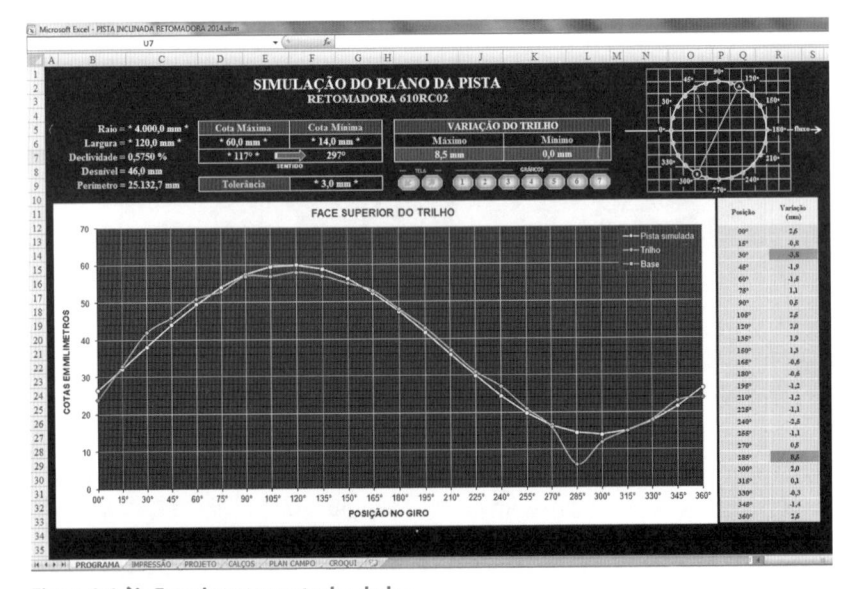

Figura 2.6 » Fase de tratamento dos dados.
Fonte: Os autores.

Nesta etapa, o profissional transcreve os dados anotados em papel para uma planilha eletrônica ou *software*; descarrega os dados armazenados das estações totais, dos níveis digitais, de GPS, etc.; executa cálculos de planilhas de coordenadas, de desníveis, cotas e altitudes; constrói plantas e projetos; elabora relatórios técnicos, modelagens, análises espaciais, entre outras atividades.

Ter atenção e prezar pela qualidade em cada uma dessas tarefas sem dúvida irá gerar um produto final que atenderá às necessidades de quem está comissionando o trabalho.

>> Locação e acompanhamento

Em algumas obras, após as etapas anteriores de construção de um projeto, talvez sejam necessários a locação e o acompanhamento, ou seja, a implantação dos pontos deste projeto em campo.

Na gama de possibilidades de serviços topográficos estão os projetos de engenharia civil, como edificações em geral, pontes, viadutos e túneis, além de outras atividades, como desmembramentos e remembramentos de imóveis rurais e urbanos; loteamentos; gasodutos; minerodutos; redes de água e esgoto; APPs (áreas de preservação permanente); reserva legal; linhas de transmissão, entre tantas outras. Em todas essas instâncias, a topografia simplesmente irá "transportar" as informações de projeto para o "campo" (Figura 2.7).

Figura 2.7 >> Fase da locação de obras.
Fonte: Os autores.

O acompanhamento topográfico será necessário para uma locação contínua, por exemplo, quando a topografia está fornecendo dados em "tempo real" para a execução de uma obra, como terraplenagens, abertura de vias, intervenções da topografia industrial, etc. (Figura 2.8).

Figura 2.8 >> Fase do acompanhamento de obras.
Fonte: xiao yu/Shutterstock.

Ao obedecer de forma correta e sequencial os quatro passos descritos, o serviço de topografia seguramente atenderá aos seus objetivos.

>> Métodos de levantamentos e *software* de processamento

A definição dos métodos de levantamentos topográficos e dos pacotes de *software* de processamento de dados topográficos está relacionada ao tipo de serviço e a seus objetivos. Poderá existir um ou mais métodos de levantamento para cada tipo de serviço (Cap.1), bem como pacotes de *software* específicos na construção destes produtos, mas cabe ao profissional julgar qual(is) será(ão) adotado(s). A seguir, apresenta-se a classificação dos métodos de levantamentos mais comuns na prática topográfica.

>> Métodos de levantamentos

Antes de apresentarmos os métodos de levantamentos, a NBR 13.133 define levantamento topográfico como:

> Conjunto de métodos e processos que, através de medições de ângulos horizontais e verticais, de distâncias horizontais, verticais e inclinadas, com instrumental adequado à exatidão pretendida, primordialmente, implanta e materializa pontos de apoio no terreno, determinando suas coordenadas topográficas. A estes pontos se relacionam os pontos de detalhes visando à sua exata representação planimétrica numa escala predeterminada e à sua representação altimétrica por intermédio de curvas de nível, com equidistância também predeterminada e/ou pontos cotados. (ASSOCIAÇÃO BRASILEIRA DE NORMAS TÉCNICAS, 1994).

Desta forma, os tipos de levantamentos podem ser classificados pelo seu dado fundamental, isto é, se planimétrico, altimétrico ou planialtimétrico (TULER; SARAIVA, 2014) (Quadro 2.1) (Figura 2.9). Estes métodos serão ilustrados no Cap. 3.

Quadro 2.1 >> **Tipos e métodos de levantamento**

Tipo de levantamento	Métodos
Planimétrico (ou perimétrico)	• Poligonação com ou sem irradiações • Interseções (de ângulos e de distâncias) • Triangulação • Rastreio GNSS
Altimétrico (ou nivelamento)	• Nivelamento geométrico (ou direto) • Nivelamento trigonométrico • Nivelamento taqueométrico • Rastreio GNSS
Planialtimétrico	• Poligonação com ou sem irradiações • Interseções (de ângulos e de distâncias) • Rastreio GNSS

Fonte: Tuler e Saraiva (2014).

Figura 2.9 >> Método de levantamento por interseção de distâncias.
Fonte: Os autores.

>> *Software* de processamento

Como já mencionado, a escolha do *software* de processamento dos dados de campo vai depender do equipamento e do produto a ser gerado (Figuras 2.10 e 2.11). Entre os mais utilizados na área de topografia, citam-se: Topograph, Posição, TopoEVN, Data Geosis, MapGeo, ProGrid, AutoCAD Civil 3D, Topcon Tools, TGO, Leica Geo Office, Ashtech Sotution, GNSS Solutions, GP Survey, GPS Tracmaker, GeoOffice, TotalCad, TopHAM, Transgeolocal, entre outros.

No entanto, estes programas possuem algumas funções específicas e comuns a todos eles, como o auxílio na "carga" e "descarga" dos dados de uma estação total, de um nível digital ou de um receptor GNSS; a construção de planilhas de resultados com colunas específicas (por exemplo: nome do ponto, ângulo e distâncias para locação, notas de serviços, etc.); e o processamento dos dados de receptores GNSS.

Além dessas funcionalidades básicas, esses *softwares* alertam sobre possíveis entradas errôneas de dados; calculam erros de campo; permitem a distribuição dos erros segundo tolerâncias descritas nas normas vigentes; calculam planilhas de coordenadas topográficas, geodésicas e UTM; e interpolam cotas para a construção de curvas de nível e perfis.

No âmbito da computação gráfica, os *softwares* conseguem desenhar plantas topográficas e perfis, definindo a melhor escala de plotagem e formato. Ainda elaboram memoriais descritivos de perímetros, reconstituindo um perímetro a partir de um memorial descritivo, e auxiliam na construção de memoriais descritivos de marcos topográficos e geodésicos.

Outras utilidades incluem a transformação de coordenadas entre os sistemas topográficos, geodésicos e cartográficos; a possibilidade de visualizações das plantas em 3D; o cálculo de volumes; a geração de seções longitudinais, transversais, além da construção de greides; o cálculo das inclinações dos taludes de corte e aterro e *offsets* de um platô. Esses *softwares* também auxiliam na etapa de planejamento, pois geram as estimativas de custos de um projeto, além de projetar loteamentos, divisões de áreas, estradas, ferrovias, canalizações, etc., bem como simular alternativas para o projeto.

É importante lembrar que esses *softwares*, por mais eficientes, práticos e altamente tecnológicos que sejam, ainda precisam do conhecimento especializado do profissional de topografia para funcionarem adequadamente, afinal, os *softwares* sozinhos não conseguem ir a campo para reconhecer o serviço topográfico a ser feito e realizá-lo.

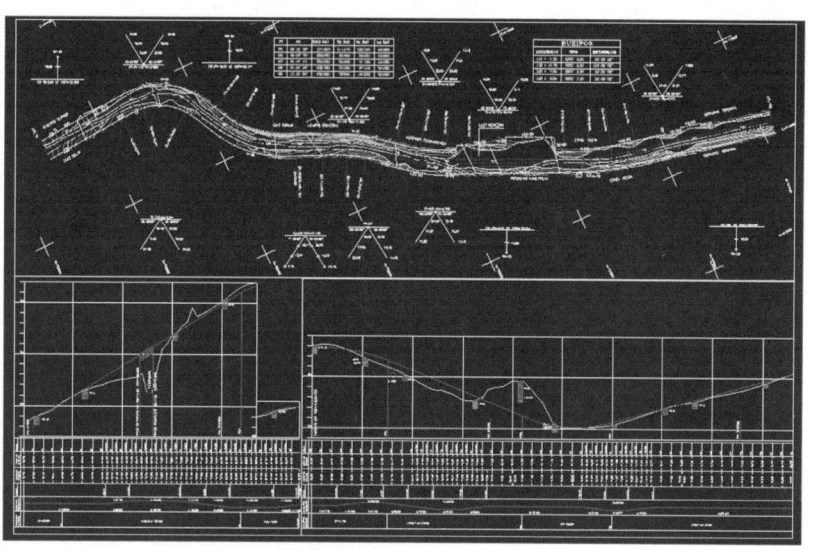

Figura 2.11 >> Uso de *software* para auxílio na construção de projetos.
Fonte: Os autores.

Figura 2.10 >> "Descarga" de uma estação total em *software* **de topografia.**
Fonte: Os autores.

>> Equipamentos

Os principais tipos de equipamentos, acessórios e materiais, e as suas funcionalidades para a execução de um serviço de topografia, deverão atender aos métodos abordados anteriormente (Quadro 2.2).

A seguir, são descritas as principais funções e as especificações básicas, e são citados alguns fabricantes mais conhecidos de equipamentos, acessórios, materiais e ferramentas empregados em qualquer prática topográfica. O domínio e o conhecimento de cada um deles certamente facilitarão o desempenho de suas tarefas e garantirá um resultado final satisfatório.

Quadro 2.2 >> **Resumo de equipamentos, acessórios, materiais e ferramentas**

Equipamentos principais	• Teodolito • Nível • Estação total • Receptor GNSS
Equipamentos complementares	• Bússola • Clinômetro • Altímetro • VANT para imageamento • Ecobatímetro
Acessórios	• Trena • Paquímetro • Nível de bolha • Nível de pedreiro • Nível de cantoneira • Nível de mangueira • Tripé e Bipé • Baliza • Conjunto bastão/prisma • Mira • Fio de prumo • Sapata
Materiais e ferramentas	• Piquete • Estaca • Marco • Marreta • Rádio comunicador • Facão e foice • Prancheta • Guarda-sol

Fonte: Os autores.

>> Equipamentos principais

Entre os equipamentos de topografia indispensáveis estão os teodolitos, as estações totais, os níveis e os receptores GNSS.

Um breve histórico da evolução dos equipamentos foi elaborado por Silva e Menegusto (2011), com os seguintes destaques:

• Década de 1920: surge o T2, o primeiro teodolito compacto e moderno.

• Década de 1950: surge o DI50, o primeiro distanciômetro.

• Década de 1980: surge a primeira estação total.

• Década de 1980: surge o TI 4100, o primeiro GPS.

• Década de 1990: surge o NA2000, o primeiro nível digital.

Já na década de 2000, observam-se as primeiras estações totais robóticas, aquelas com medição sem prisma e as com captura de imagens, ou ainda, com suportes para receptores GNSS. Atualmente, os equipamentos topográficos possuem a capacidade de manuseio, alcance e armazenamento potencializados por recursos da eletrônica e informática. Portanto, o mercado incorpora no seu dia a dia os equipamentos digitais de modo a aumentar a produtividade dos serviços (Figura 2.12).

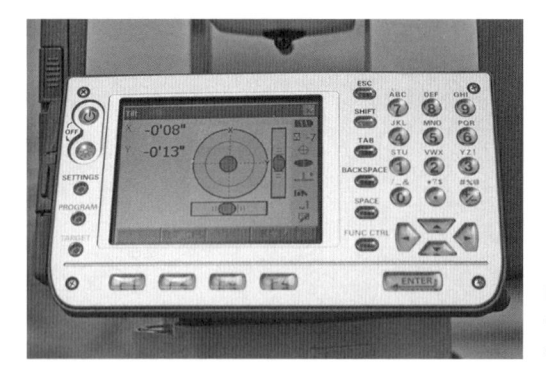

Figura 2.12 >> **Automação de equipamentos topográficos.**
Fonte: Henryk Sadura/Shutterstock.

Teodolito

Função: É um equipamento ótico que permite realizar medidas de ângulos horizontais e verticais, de forma mecânica ou digital, e ainda calcular distâncias indiretas por meio dos fios estadimétricos associados a uma mira, aplicando-se fórmulas específicas.

Especificação: Geralmente, os teodolitos têm precisões angulares que variam entre 1" a 30", e permitem uma ampliação da visada de até 30 vezes e foco mínimo de 1,5 metro. Para a instalação sobre o ponto topográfico, utiliza-se um prumo ótico.

Existem no mercado modelos mecânicos e digitais. Os modelos digitais possuem algumas funções diferenciadas, como a opção de leituras dos ângulos verticais (zenital ou inclinação), a determinação de inclinações em percentagem, a inversão do sentido de medição dos ângulos horizontais (horário ou anti-horário), entre outras.

Fabricantes: Wild/Leica, Topcon, Nikon, Sokkia, Geodetic, Zeiss, CST/Berger, Bosh, Kern, e outros (Figura 2.13).

Figura 2.13 >> Modelos de teodolitos: mecânico e digital.
Fonte: Os autores; BaLL LunLa/Shutterstock.

Nível

Função: É um equipamento ótico que permite a determinação de desníveis entre dois ou mais pontos a partir de um plano horizontal de referência, considerando visadas horizontais interceptadas por miras verticais. Por meio de cálculos, permite também realizar transportes de cotas e altitudes a partir de uma referência de nível (RN) inicial.

Especificação: Os níveis podem ser mecânicos, digitais ou rotativos/laser e possuem precisões que variam entre ± 1 mm/km a ± 10 mm/km. As imagens da leitura podem estar na forma direta ou invertida, com ampliação de visada de até 32 vezes, e foco mínimo de até 1,5 metro.

Fabricantes: Wild/Leica, Kern, Sokkia, CST/Berger, Nikon, GeoMax, Topcon, Foif, Pentax, Bosch, e outros (Figura 2.14).

Figura 2.14 >> Modelos de níveis: ótico, digital e rotativo/laser.
Fonte: Os autores.

Estação total

Função: É um equipamento ótico que tem basicamente as mesmas características do teodolito digital, e que, além das medidas angulares (horizontal e vertical), realiza medidas de distâncias, armazenando todos estes dados em uma "memória" que, posteriormente, será descarregada em programas específicos.

Estes equipamentos possuem algumas funções diferenciadas, como organizar a coleta de dados nomeando os pontos visados e gravando-os; calcular diferenças de nível e inclinações, bem como distâncias horizontais e inclinadas; alterar o tipo de ângulo vertical; calcular áreas e volumes; calcular coordenadas da estação a partir de pontos de coordenadas conhecidas; locar pontos, etc.

Especificação: Considerando os modelos convencionais ou com opcionais (robóticos, GNSS incorporado, com câmeras digitais, com varredura *scanner*, etc.), em geral as estações totais possuem precisões angulares que variam entre

1" e 10" e precisão linear entre 1 e 10 mm (absoluto) e 1 e 10 ppm (relativo). Atualmente, as estações totais possuem capacidade de memória para armazenar uma grande nuvem de pontos, aumento da visada em média de 30 vezes, e distância mínima do foco de até 1,5 metro. Algumas ainda possuem display duplo de leituras e prumo laser.

Algumas conseguem realizar medições de distâncias de até 5.000 m com o prisma e de até 1.000 m sem o prisma. Na prática, estas medidas possuem várias restrições de acordo com as condições de campo (intempéries, obstáculos, etc.), assim, as estações totais são comumente utilizadas para distâncias médias de até 500 m.

Fabricantes: Leica, Topcon, Trimble, Geodetic, Nikon, Pentax e outros (Figura 2.15).

Figura 2.15 >> Modelos de estações totais: convencionais ou com opcionais.
Fonte: Os autores; Henryk Sadura/Shutterstock; os autores.

Receptor GNSS

Função: Determinar a posição geográfica de um ou mais pontos (coordenadas cartesianas – X, Y, Z; geodésicas – φ, λ, H; ou UTM – E, N e H; segundo um *datum* de referência) sob quaisquer condições atmosféricas, a qualquer momento e em qualquer lugar na Terra, desde que o receptor receba as informações (efemérides) de, no mínimo, três satélites.

Especificação: Nos modelos convencionais para uso em topografia (de navegação, topográficos ou geodésicos), as precisões podem ser milimétricas ou variar até mais de 10 metros, dependendo do receptor. Estes receptores recebem sinais variados considerando os sistemas GPS ou GLONASS, podendo ter diferentes frequências (por código, L1 e L1/L2). Alguns receptores possuem a tecnologia RTK (*Real Time Kinematic*), que permite a correção das coordenadas em tempo real via rádio, e GSM (*Groupe Special Mobile*), que possibilita a comunicação via celular. Alguns ainda possuem controladora para a edição de pontos, inserção da altura da antena, etc. Hoje, estes equipamentos possuem capacidade de memória para armazenar uma nuvem de pontos levantados.

Na instalação da antena do receptor GNSS em um tripé, é necessário o uso de uma base nivelante para fixação, nivelamento e centralização no ponto topográfico. Normalmente, as bases nivelantes possuem tamanho universal, ajuste de bolhas com calantes e prumo para colimação. A base nivelante deve ser adquirida separadamente, sendo que alguns fabricantes fornecem-na junto com a antena (Figura 2.16).

Figura 2.16 >> Base nivelante.
Fonte: Os autores.

Fabricantes: Garmim, Magellan, Trimble, Leica, Topcon, CHC, TechGeo, Sokkia, Javad, e outros (Figura 2.17).

Figura 2.17 >> Modelos de receptores GNSS: navegação, topográficos e geodésicos.
Fonte: D V/Shutterstock; Henryk Sadura/Shutterstock; Phatthanit/Shutterstock.

>> Equipamentos complementares

Muitas vezes em um levantamento topográfico, algumas medições complementares serão necessárias, como altitude, orientação magnética, inclinação, etc. Em alguns trabalhos topográficos específicos, pode-se citar ainda os VANTs (para o imageamento) e os ecobatímetros (para a determinação de profundidades). A seguir estão listados outros equipamentos necessários para essas e outras atividades.

Bússola

Função: É o equipamento que permite identificar a direção Norte-Sul com base no campo magnético terrestre. Nas práticas correntes de topografia, observa-se que os trabalhos não estão sendo orientados pelo norte magnético, em função da baixa precisão de sua determinação, valendo-se, então, da orientação pelo norte verdadeiro ou pelo norte de quadrícula (TULER; SARAIVA, 2016). Estas práticas serão apresentadas no Cap. 3.

Especificação: Existem modelos de bússolas analógicas e digitais, sendo que, para a topografia, elas geralmente possuem divisão de leitura de um grau, com precisão média de 20 minutos. Alguns modelos possuem lente de aumento para visualização, fio de visada, argola de transporte, leituras de ângulos horizontais e verticais e clinômetros. Para a topografia, sugerem-se aquelas com luneta e suportadas por tripé.

Fabricantes: CSR, GeoMaster, Lensatic compass, Mormaii e outros (Figura 2.18).

Figura 2.18 >> Modelos de bússolas.
Fonte: Sergei Drozd/Shutterstock; os autores.

Clinômetro

Função: Também chamado de inclinômetro ou nível angular, é um aparelho usado para medir o ângulo entre um plano horizontal e o plano inclinado. Estes equipamentos servem para medidas expeditas de inclinações e são bastante empregados em outras áreas, como agronomia, engenharia florestal, etc.

Atualmente, há no mercado o clinômetro digital, que é um equipamento similar ao nível de pedreiro quanto à sua construção, porém utilizado para medir a inclinação de um plano qualquer em relação ao plano horizontal quando apoiado nesta superfície, podendo a leitura ser expressa, de forma digital, em graus ou percentagem.

Especificação: O clinômetro mecânico consiste em um sistema de pêndulo vertical e/ou de bolha de nivelamento horizontal como referencial e uma escala graduada que mede o ângulo de inclinação em graus ou em porcentagem de desnível. Já os clinômetros digitais podem medir ângulos de inclinação de 0° a 90° com precisão média de 0,2°. Alguns ainda possuem um "laser" integrado para facilitar a visada.

Fabricantes: Bosch, Nikon, Haglof, Yamano, Insize, Smart Angle e outros (Figura 2.19).

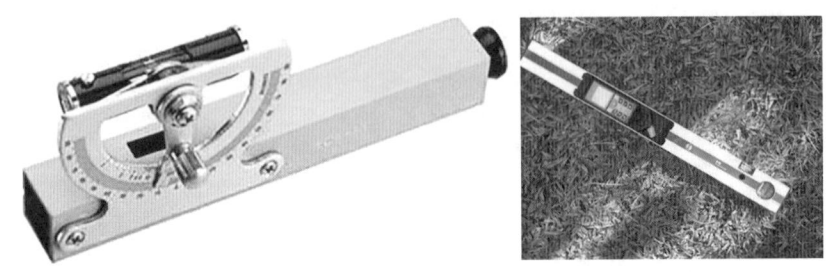

Figura 2.19 >> Modelos de clinômetros: mecânico e digital.
Fonte: Os autores.

Altímetro

Função: O altímetro é o instrumento usado em topografia para medir alturas ou altitudes com base no registro de alterações da pressão atmosférica. Estas medições são realizadas de forma rápida e relativamente fácil, no entanto, com limitada exatidão, considerando o equipamento. O seu uso depende do propósito e dos requisitos de precisão.

Especificação: Os altímetros podem ser analógicos ou digitais. Os mais comuns representam as medições em metros e em pés, e podem ainda registrar temperaturas, orientações por bússola digital e a pressão atmosférica. A precisão da altitude relativa fica na ordem de ± 5,0 m, e a precisão de altitude absoluta, na ordem de ± 15 m.

Outros altímetros ainda dispõem de uma interface para a transferência de dados para um *software*. Encontram-se no mercado alguns altímetros de alta precisão para uso em topografia industrial e outros associados aos receptores GNSS.

Fabricantes: Laserliner, Salcas, Altimeter e outros (Figura 2.20).

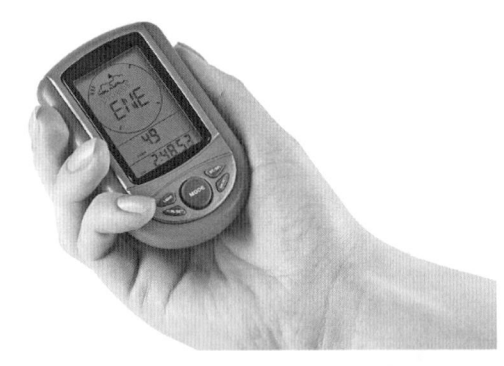

Figura 2.20 >> Altímetro.
Fonte: © Doroo/Dreamstime.com.

VANT para imageamento

Função: É o equipamento que atinge baixas alturas de voo e permite, por meio do registro de imagens aéreas em alta resolução, mapear determinada região com possibilidade de sobreposição delas para estereoscopia.

Especificação: São dois os modelos de VANTs para uso em topografia: os que possuem asas e os que possuem hélices (tipo helicóptero), conhecidos como DRONES. Alguns itens importantes em um VANT para imageamento são a autonomia de voo, a resolução e a capacidade de armazenamento da câmera e o modo de operação (se automático ou manual).

Fabricantes: Xmobots, Trimble, SenseFly, SmartPlanes, Horus Isis, etc. (Figura 2.21).

Figura 2.21 >> VANT (veículo aéreo não tripulado).
Fonte: Robert Mandel/Shutterstock; Digital Storm/Shutterstock.

Ecobatímetro

Função: Na topografia, é um equipamento utilizado para realizar medições de profundidade até o leito submerso (mar, lagoa, reservatório e leito de rio), associando esta medição na posição da embarcação considerando-a na superfície da água. A medição leva em conta o tempo decorrido entre a emissão de um sinal acústico em direção ao fundo e a recepção de seu eco a bordo da embarcação.

Especificação: O princípio fundamental de um ecobatímetro consiste em um feixe de ondas sonoras (frequência menor que 18 kHz) ou ultrassonoras (frequência maior que 18 kHz) transmitidas verticalmente por um emissor instalado na embarcação atravessando o meio líquido até atingir o fundo submerso onde se reflete, retornando à superfície, em que é detectado por um receptor. Estes podem ser de monofeixe ou multifeixe, inclusive com varredura lateral. Dependendo da profundidade, eles conseguem precisões submétricas.

Encontra-se no mercado uma variedade de equipamentos com diferentes especificações técnicas, como com diferentes frequências, taxas de transmissão de pulsos sonoros, alcances na profundidade e precisão. Alguns ecobatímetros ainda possuem receptores GNSS integrados para aquisição das coordenadas da embarcação.

Fabricantes: Tecnosat, Syqwest, South SDE-28S, HidroBox, e outros (Figura 2.22).

Figura 2.22 >> **Modelos de ecobatimetros.**
Fonte: ChameleonsEye/Shutterstock.

>> Acessórios

As práticas de topografia utilizam os equipamentos principais e complementares descritos anteriormente e, muitas vezes, combinados ou auxiliados por acessórios, materiais e ferramentas.

Estes acessórios, materiais e ferramentas serão importantes de acordo com o serviço pretendido e podem constar do almoxarifado de uma empresa de topografia. Diferentemente dos equipamentos principais e complementares, alguns são caracterizados como materiais de consumo e possuem especificações e fabricantes diversos.

Trena

Função: Realizar medidas de distâncias horizontais, verticais ou inclinadas.

Especificação: As trenas podem ser analógicas ou digitais. As trenas analógicas possuem precisões centimétricas ou milimétricas e, dependendo do fabricante, possuem comprimentos de até 100 metros. Podem ser de fibra de vidro ou de aço.

A trena digital (ou laser) já é um equipamento bastante utilizado pela versatilidade e pelo baixo custo. Possibilita obter distâncias horizontal e inclinada até um obstáculo (ou anteparo), com alcances de até 200 m (ou até maiores, de acordo com o fabricante), e precisões absolutas na ordem de ± 10 mm (ou menores, dependendo do fabricante). Algumas ainda contam com mira digital integrada para facilitar a visada, tecnologia de comunicação *bluetooth* e capacidade de memória para armazenar as medições.

Fabricantes: Lufkin, Tramontina, Stanley, Bosch, Irwin e outras (Figura 2.23).

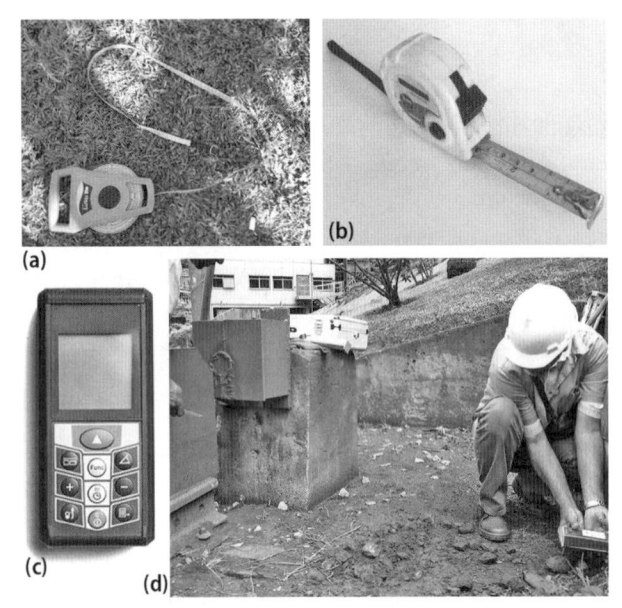

Figura 2.23 >> Modelos de trenas: fibra de vidro, aço e laser.
Fonte: a, b, d: os autores; c: FabrikaSimf/Shutterstock.

Paquímetro

Função: O paquímetro é um equipamento usado para medir com precisão as dimensões de pequenos objetos. Adota-se tal equipamento em algumas medições da topografia industrial.

Especificação: Existem modelos analógicos e digitais, como o universal, o universal com relógio, com bico móvel, com medição de profundidades e de dupla escala. Geralmente possuem unidades de medida milimétricas com faixa de medição média de 150 mm e resolução de 0,01mm. Podem realizar medições internas e/ou externas de peças, de profundidades e de ressaltos.

Fabricantes: Mitutoyo, Starrett, Metrotools, Digimess e outros (Figura 2.24).

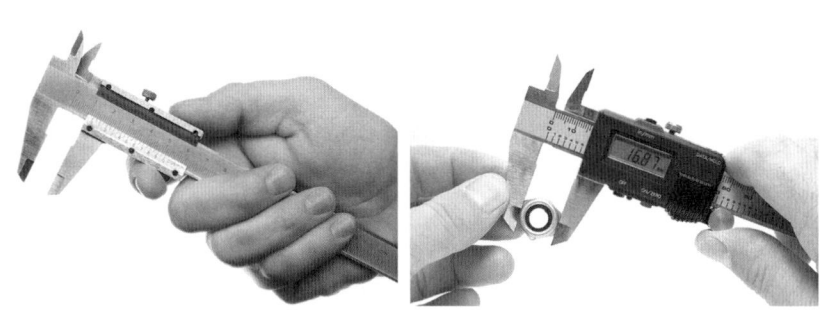

Figura 2.24 >> Modelos de paquímetros: mecânico e digital.
Fonte: Emerin Sergey/Shutterstock; Rob kemp/Shutterstock.

Níveis de bolha

Função: Estes acessórios têm como finalidade materializar a vertical que passa por um ponto, sendo que uma normal a essa vertical fornece o plano horizontal.

Especificação: O nível de bolha consiste em um recipiente, no qual é introduzido um líquido, o mais volátil possível (álcool ou éter), que deixa um vazio formando uma bolha; em seguida, o recipiente é hermeticamente fechado. O recipiente, segundo a sua forma, distingue-se em dois tipos: nível esférico e nível cilíndrico.

- Níveis esféricos – São constituídos, basicamente, de uma calota esférica de cristal acondicionada em caixa metálica.

- Níveis cilíndricos – São constituídos de um tubo cilíndrico de cristal. A superfície da parte interna é polida, de maneira a formar um ligeiro arco.

Estes níveis de bolha são associados a outros equipamentos, destacados adiante: nível de pedreiro, nível de cantoneira para miras, bastões de prismas e balizas; ou acoplados nos próprios níveis de luneta, teodolitos, estações totais, etc.

Nas estações totais, por exemplo, os níveis cilíndricos estão associados a um sistema eletrônico em que são ajustados por meio do display do equipamento com o auxílio dos parafusos calantes.

Fabricantes: Geralmente os níveis de bolha estão associados aos fabricantes dos próprios equipamentos que utilizam este acessório (Figura 2.25).

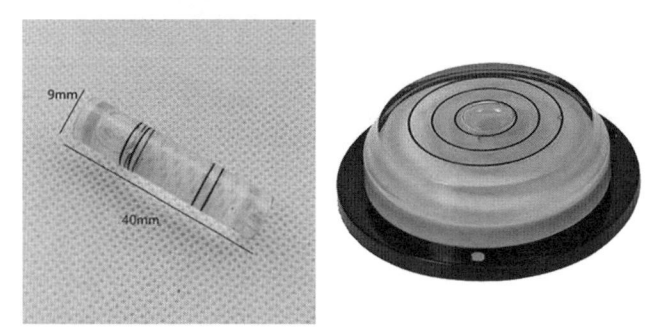

Figura 2.25 >> Nível de bolha: cilíndrico e circular.
Fonte: Os autores.

Nível de pedreiro

Função: É um instrumento para indicar a inclinação (horizontal, vertical ou 45º) de superfícies e possui baixa a média precisão, e atende a alguns tipos de serviços expeditos, por exemplo, na determinação de superfícies horizontais.

Especificação: Existem os modelos tradicionais (mecânicos) e digitais (clinômetros). Geralmente, um nível de pedreiro tem um tamanho entre 30 a 40 cm, possuindo 2 ou 3 níveis de bolha para a medição, os quais podem ser de alumínio, resina, ferro fundido ou madeira.

Fabricantes: Stanley, Max, Bosh, Wonder, Momfort, e outros (Figura 2.26).

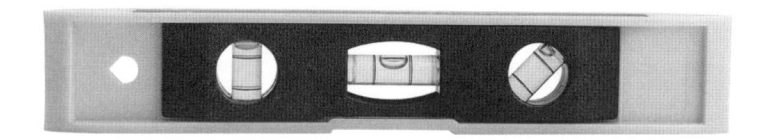

Figura 2.26 >> Nível de pedreiro.
Fonte: restyler/Shutterstock.

Nível de cantoneira

Função: É um acessório da topografia que possui um nível esférico acoplado a uma haste de fixação, o qual permite controlar a verticalidade de balizas, miras e bastões de prismas.

Especificação: O nível de bolha do nível de cantoneira possui marcações concêntricas para referência da bolha, sendo de fácil leitura em todas as direções. Eles podem ser avulsos ou conjugados (por exemplo, no bastão do prisma).

Fabricantes: AVR, XPEX, Orient e outros (Figura 2.27).

Figura 2.27 >> Nível de cantoneira avulso.
Fonte: Tuler e Saraiva (2014).

Nível de mangueira

Função: É um equipamento que permite avaliar o desnível entre pontos com base no princípio físico da força da gravidade atuando em vasos comunicantes.

Especificação: O equipamento utilizado geralmente é uma mangueira transparente, podendo se valer de dois suportes de madeira ou metal nas extremidades, graduadas ou não para leitura dos desníveis.

Além de fácil manejo e baixo custo, esta técnica permite marcações confiáveis nos nivelamentos, como transferências de nível entre pontos, principalmente em práticas de topografia relacionadas à construção civil.

Fabricantes: Artesanal (Figura 2.28).

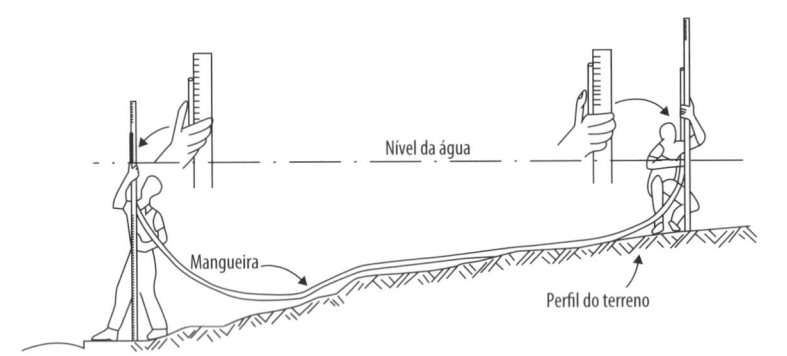

Figura 2.28 >> Nível de mangueira.
Fonte: Construção ... (201-?).

Tripé e Bipé

Função: Servem para a sustentação de alguns equipamentos, como teodolitos, níveis, estação total, receptor GNSS, bússola, etc.; e também alguns acessórios, como balizas, bastão/prisma, etc.

Especificação: Geralmente são feitos de madeira ou metal (alumínio ou metalon) e possuem uma base para apoio e fixação de equipamentos por meio de um parafuso de fixação universal. Para os equipamentos, alguns possuem a trava do tipo borboleta (trava inferior) ou trava rápida (trava superior) para fixação das pernas do tripé e bipé.

Já nos bipés e tripés para bastões, estes possuem pernas extensíveis tubulares e com diâmetros de acoplamento específicos para os bastões (25 a 32 mm).

Fabricantes: CST/Berger, Bosch, AVR, Xpex, Leica, Foif, Allcomp, Spectra Precision e outros (Figura 2.29).

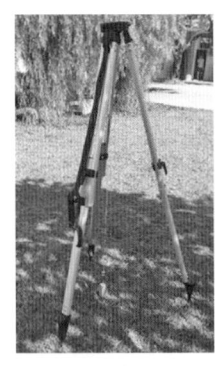

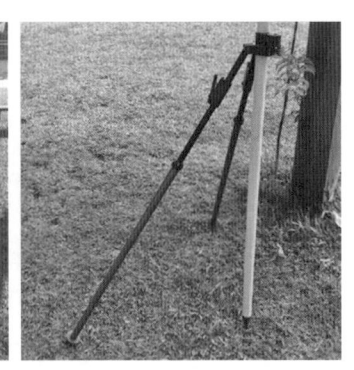

Figura 2.29 >> Modelos de tripés e bipés.
Fonte: Os autores.

Baliza

Função: É um acessório que permite prolongar verticalmente o ponto topográfico. A baliza é apoiada sobre o ponto topográfico a fim de servir de referência para medições com teodolito ou estação total.

Também pode ser utilizada para auxiliar nas medidas de distâncias horizontais com a trena, ou ainda na prática denominada "balizamento", na qual as balizas são perfiladas para definir um alinhamento de forma expedita.

Para garantir a sua verticalidade, pode-se fazer uso do nível de cantoneira.

Especificação: São hastes de aço (p.ex., metalon) ou de madeira (pouco usual), geralmente de comprimento igual a 2 m. Geralmente são arredondadas, com diâmetro de 2 cm, e pintadas com cores contrastantes (vermelho e branco a cada 0,5 m) para visualização nos meios urbano e rural. Possuem uma ponteira comumente de aço para apoiar sobre o ponto topográfico. Podem ser divididas em duas partes rosqueáveis para facilitar o transporte e a guarda.

Fabricantes: AVR, Orient, Xpex e outros (Figura 2.30).

Figura 2.30 >> Baliza.
Fonte: Os autores.

Conjunto Bastão/Prisma

Função: O bastão é um acessório semelhante à baliza, porém permite acoplar um prisma ou uma antena de receptores GNSS.

O prisma é um acessório utilizado para refletir os sinais emitidos pela estação total com a função de determinar a distância entre a estação total e este prisma. Existem alguns prismas de pequenas dimensões denominados miniprismas e geralmente utilizados para a locação de obras. É possível ainda utilizar fitas refletoras adesivas próprias, de forma a refletir o sinal da estação total.

Especificação: Os bastões normalmente são telescópicos e podem medir entre 1,5 e 3,6 m. Existem no mercado bastões com até 8 m de altura. Os materiais dos bastões podem ser de alumínio ou de fibra de carbono.

Os prismas são uma composição de espelhos de alta qualidade protegidos por uma carcaça plástica para proteção de chuva e acoplamento ao bastão. Alguns prismas ainda possuem um anteparo como alvo para facilitar a visada.

É importante conhecer a "constante do prisma" para configurar a estação total, que se refere à distância entre o ponto de reflexão e o centro do bastão. Deve-se atentar que a "constante do prisma" varia entre os fabricantes e são diferentes para os prismas e miniprismas.

Fabricantes: Leica, AVR, Xpex, South e outros (Figura 2.31).

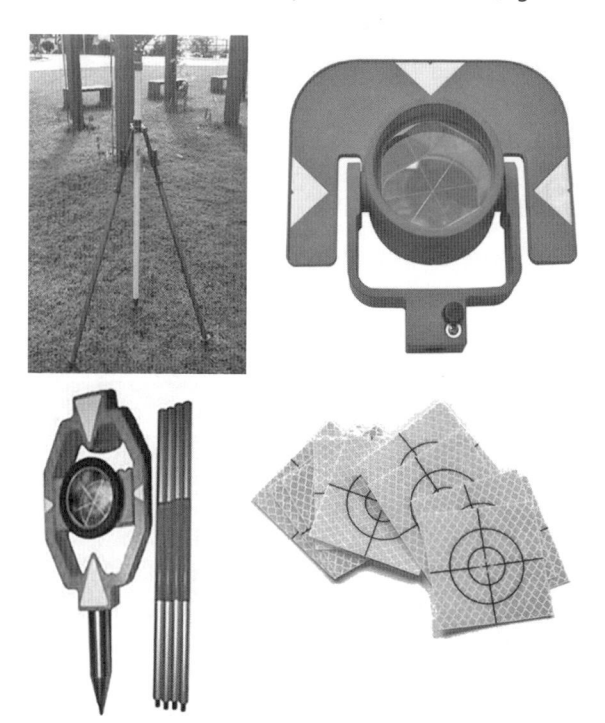

Figura 2.31 >> Conjunto Bastão/Prisma e modelos de prismas.
Fonte: Os autores.

Mira

Função: É uma régua graduada utilizada nas práticas de nivelamento e de estadimetria. No nivelamento geométrico, serve para interceptar as visadas horizontais do nível ótico, definindo alturas verticais de pontos. Na estadimetria, serve para interceptar a visada de um teodolito, permitindo, pelas leituras dos fios superior, médio e inferior, o cálculo das distâncias horizontais e verticais.

As miras também podem ser utilizadas para medir desvios de alinhamentos de estruturas, associadas à visada de referência de um teodolito.

Especificação: As miras podem ser de 2 a 4 m de altura, divididas em 3 ou 4 segmentos, sendo dobrável, seccionada ou telescópica. Podem ser metálicas, de madeira ou de fibra de vidro, com marcações na frente ou frente/verso e com graduações centimétricas ou milimétricas. A graduação também pode ser em código de barras, própria para os níveis digitais.

Fabricantes: Xpex, Orient, Kolida e outros (Figura 2.32).

Figura 2.32 >> Mira.
Fonte: Dmitry Kalinovsky/Shutterstock; os autores.

Fio de prumo

Função: É um acessório que permite materializar a vertical de um lugar. Quando associado ao teodolito, por exemplo, permite centralizar este equipamento sobre o ponto topográfico.

Especificação: Os fios de prumo podem ser de centro ou de face. Normalmente os prumos de centro são de material metálico com uma corda de nylon, no formato de cone. Já os prumos de face ou de pedreiro também são metálicos, porém na extremidade superior possuem uma peça de referência que coincide com a face do peso da base.

Fabricantes: Tramontina, Wonder, Emava, e outros (Figura 2.33).

Figura 2.33 >> Modelos de fio de prumo: de centro e de face.
Fonte: Os autores.

Sapata

Função: É um acessório utilizado como base de apoio para a mira no nivelamento geométrico, nas leituras de mudanças do plano de referência.

Especificação: Geralmente é metálica, com 3 apoios para fixação no solo e com uma saliência na parte central superior para apoio da mira.

Fabricante: Geralmente de fabricação artesanal (Figura 2.34).

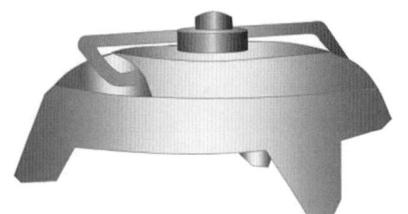

Figura 2.34 >> Sapata.
Fonte: Os autores.

>> Materiais e ferramentas

Alguns materiais e ferramentas são fundamentais para a realização dos serviços de topografia. A seguir apresentam-se suas funções e especificações. Os fabricantes destes itens são diversos, mas, com frequência, eles são construídos de maneira artesanal.

Piquete

Função e especificação: São peças de madeira para materializar o ponto topográfico. São fabricados com seção quadrada e comprimento de 15 a 30 centímetros. A superfície do topo é plana e ali será marcado um ponto de precisão por meio de um prego ou tinta; a outra extremidade possui forma de ponta para fixação no solo.

No meio urbano ou na topografia industrial, considerando a dificuldade de cravar piquetes em passeios, ruas, estruturas, etc., geralmente são utilizadas tintas, por exemplo, um marcador industrial. Este marcador industrial possui uma ponta metálica que escreve com tinta permanente e de secagem rápida sobre superfícies como metais, concreto e outras (Figura 2.35).

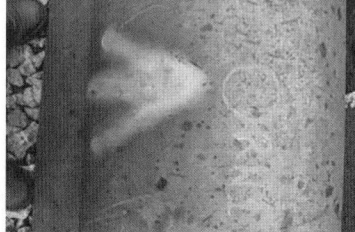

Figura 2.35 >> **Piquete e marcador industrial.**
Fonte: Os autores.

Estaca (ou estaca testemunha)

Função e especificação: Localizar os pontos topográficos, geralmente os pontos de locação e offsets de obras. Em obras de terraplenagem, são utilizadas para demarcar as alturas de corte e aterro.

São fabricados artesanalmente de madeira, bambu ou outro material similar e medem aproximadamente de 30 a 50 centímetros de altura e 5 centímetros de largura (Figura 2.36).

Figura 2.36 >> **Estaca.**
Fonte: Os autores.

Marco

Função e especificação: Materializar o ponto topográfico e estações geodésicas para instalação de instrumentos topográficos. Os marcos podem ser de concreto, ferro/aço ou de material reciclado, no formato trapezoidal ou cilíndrico, e medem em média 60 centímetros de altura. Sobre o marco coloca-se uma chapa, que é uma peça metálica que identifica a estação.

A norma de serviço número 001/2008 de 01/09/2008, do IBGE (2008b), Padronização de Marcos Geodésicos, especifica e detalha sua construção (Figura 2.37).

Figura 2.37 >> **Marco e chapa metálica.**
Fonte: Os autores.

Marreta

Função: Ferramenta para auxiliar na cravação dos piquetes e estacas no terreno (Figura 2.38).

Figura 2.38 >> **Marreta.**
Fonte: Os autores.

Rádio comunicador

Função: Realizar comunicação entre membros da equipe de campo (p.ex., entre o operador de equipamento e o auxiliar de topografia). Sugere-se que possuam baterias recarregáveis, com boa autonomia e alcance de comunicação num raio de 5 km (Figura 2.39).

Figura 2.39 >> **Rádio comunicador.**
Fonte: Os autores.

Facão e foice

Função: Auxiliar no corte e na abertura de picadas em áreas onde a vegetação obstrui as visadas dos equipamentos. É importante salientar que a poda e o corte de vegetação têm de ser previamente autorizados por órgão competente (Figura 2.40).

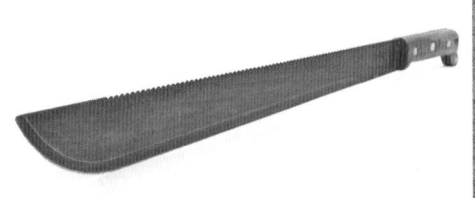

Figura 2.40 >> **Facão e foice.**
Fonte: robtek/Shutterstock; aoya/Shutterstock.

Prancheta

Função: Fixar e transportar folhas de papel para anotações em campo (Figura 2.41).

Figura 2.41 >> **Prancheta.**
Fonte: Os autores.

Guarda-sol

Função: Proteção do operador e do equipamento contra o sol, durante as medições (Figura 2.42).

Figura 2.42 >> **Guarda-sol.**
Fonte: Os autores.

>> Dimensionamento das equipes

Considerando o porte e tipo do serviço a ser executado, talvez seja necessária mais de uma equipe de campo, aumentando a produção e diminuindo o tempo de execução, sempre buscando ser coerente com os custos envolvidos (Figura 2.43).

Figura 2.43 >> **Equipes de topografia.**
Fonte: yuttana Contributor Studio/Shutterstock; Budimir Jevtic/Shutterstock.

A escolha por uma ou mais equipes para a execução de um serviço topográfico será definida em função do:

- tipo de serviço;
- equipamento a ser utilizado;
- porte do serviço;
- prazo estipulado pelo contratante;
- custo envolvido;
- tipo de capacitação técnica necessária para a execução do serviço.

Por exemplo, uma equipe de topografia com o uso de uma estação total (não robótica) poderá ser composta por, pelo menos, duas pessoas (operador do equipamento e auxiliar de topografia). Para esta mesma obra, onde seja possível o uso de um receptor GNSS (geodésico ou topográfico) ou mesmo um VANT, a equipe poderá ser composta por apenas uma pessoa (operador do equipamento).

Com relação à capacitação técnica envolvida no serviço, a equipe deverá ser composta por técnicos e auxiliares. Os técnicos, que geralmente vão operar os equipamentos e posteriormente tratar os dados de campo, poderão ter uma formação específica de nível médio ou superior. Os auxiliares deverão ter conhecimentos básicos na área de topografia.

Segundo o sistema CONFEA/CREA, os profissionais habilitados, competentes e responsáveis pela execução de todos os tipos de serviços de levantamentos topográficos e geodésicos são o Engenheiro Agrimensor e o Engenheiro Cartógrafo (CONSELHO FEDERAL DE ENGENHARIA, ARQUITETURA E AGRONOMIA, 1973, 2013).

Conforme o Catálogo Brasileiro de Ocupações (CBO) do Ministério do Trabalho e Previdência Social, denominação de mercado Topógrafo se refere àquele profissional que executa vários serviços na área de topografia, requerendo curso técnico de nível médio em geomática ou em áreas correlatas, como técnico em geodésia e cartografia, técnico em agrimensura, técnico em hidrografia, técnico em topografia, oferecidos por escolas técnicas e instituições de formação profissional (BRASIL, c1997-2007).

>> Os riscos nas práticas de topografia

Os serviços topográficos exigem que os profissionais desenvolvam atividades nos mais variados ambientes, uma vez que a topografia está presente em todos os projetos, tanto em áreas industriais quanto em obras de todos os setores da engenharia. Portanto, existe uma variedade de riscos envolvidos.

Os riscos estão relacionados ao local e às atividades que serão desenvolvidas pela equipe. Assim, para evitar ou minimizar acidentes, é necessário que o profissional se planeje e tenha atenção ao meio físico do seu trabalho, bem como utilize EPIs adequados durante a realização de seu serviço (Quadro 2.3).

Quadro 2.3 >> **Condições das atividades, riscos e prevenção de acidentes**

Condições das atividades	Riscos	Prevenção
Exposição prolongada ao sol	Insolação	Use protetor solar, chapéu/boné, óculos escuros, calçado e vestuários apropriados. Faça uso do guarda-sol durante as medições.
Exposição a altas temperaturas e baixas umidades	Intermação	Hidrate-se com água, sucos naturais e outros; e reduza o tempo de exposição.
Exposição à chuva sujeita a descargas atmosféricas	Choque elétrico de alta tensão	Evite trabalhar nessas condições e proteja-se em construções fechadas ou dentro de veículos.
Áreas rurais	Picadas de animais peçonhentos (abelhas, escorpiões, serpentes e aranhas).	Preste atenção nos alojamentos e locais de trabalho quanto aos animais. Use perneiras, luvas de raspa, etc.
Obras industriais	Vários riscos, de acordo com a atividade	Use EPIs, como botinas, capacete, luvas, protetor auricular, óculos de proteção, vestuário apropriado, entre outros.
Trabalho em altura	Quedas	Trabalhe de forma atenta e adote o uso obrigatório de cinto de segurança, além de outros EPIs específicos.
Ruas, rodovias e ferrovias	Acidentes com veículos e atropelamentos	Atente ao tráfego de veículos, sinalize com cones, use coletes refletivos.
Local confinado	Asfixia e explosão	Verifique com antecedência a falta de oxigênio, a possível presença de vapores ou gases inflamáveis, e outros.

(Continua)

Condições das atividades	Riscos	Prevenção
Áreas urbanizadas	Furto e roubo dos equipamentos e da equipe	Se possível, evite trabalhar em locais com estatísticas de alto índice de assaltos, providencie escolta, não deixe dentro de veículos os equipamentos aparentes, não deixe os equipamentos instalados sem o operador por perto.
Transporte e manuseio dos equipamentos	Mau funcionamento do instrumento topográfico	Evite queda, transporte o equipamento dentro de compartimento próprio, evite umidade, não deixe o equipamento dentro dos veículos fechados devido ao calor, etc.

Fonte: Os autores.

» Da construção do preço dos serviços

Muito mais do que simplesmente considerar as variáveis que compõem o custo, as necessidades de custeio, financiamento, pesquisa e investimento da empresa precisam ser levadas em conta. Caso o mercado e o segmento de atuação do serviço tenham grande dependência tecnológica, ainda têm de ser consideradas necessidades de modernização constante dos equipamentos, além do contínuo aperfeiçoamento das equipes. Fatores como tecnologia (por exemplo, a informática) fazem enorme diferença na redução de custos, na agilidade e, principalmente, na qualidade, tanto do atendimento quanto das operações da empresa junto aos seus clientes.

Desta forma, a construção do preço depende de vários fatores, pois cada serviço terá uma metodologia diferente, em ambientes variados. A composição de preços para os serviços de topografia é uma tarefa bastante complexa, pois os insumos a serem considerados são dos mais variados e inconstantes.

A APEAESP (2016) – Associação Profissional dos Engenheiros Agrimensores do Estado de São Paulo – e a AETESP (2016) – Associação das Empresas de Topografia do Estado de São Paulo – fornecem, no material intitulado Composição de Preços Unitários Referenciais de Serviços de Topografia de acordo com a NBR 13133 (1994), alguns procedimentos que possibilitam que os profissionais elaborem seus orçamentos de acordo com determinados critérios. Neste material ainda são apresentados alguns exemplos para a composição dos custos dos serviços.

Independentemente de consultas a tabelas, é necessário primordialmente que o profissional faça as seguintes discriminações para a precificação dos serviços:

1. Conforme mencionado na primeira parte deste capítulo, o planejamento é fundamental, logo, reconhecer o serviço, de forma a definir dificuldades, possíveis intempéries, acessibilidade e obstáculos (por exemplo, a necessidade de aberturas para acesso e picadas), bem como equipamentos e *softwares* a serem utilizados e a necessidade ou não de locação de equipamentos é a primeira ação a ser tomada.

2. Conhecer os custos envolvidos com manutenções, retificações e seguros dos equipamentos e EPIs também é importante para garantir uma precificação justa.

3. Verificar a necessidade de serviço de terceiros; em caso positivo, então será necessário dimensionar o número de pessoal de campo e escritório.

4. Estimar o tempo de execução e conhecer a jornada de trabalho são ações importantes para demonstrar seu profissionalismo e seriedade na precificação.

5. Realizar o cálculo com despesas com deslocamento, alimentação e hospedagem, bem como fazer uma pesquisa de preços desses itens na região do serviço, certamente auxiliarão na composição do preço.

6. Verificar os custos não apenas das equipes de campo, mas também da equipe de escritório, além de conhecer os custos fixos do escritório (água, luz, telefone, condomínio, aluguel, Internet, plotagens, etc.) e os impostos e as taxas de encargos sociais (que podem chegar a quase 100% do salário-base) facilitarão os cálculos para chegar a um preço condizente.
7. Definir o lucro bruto da empresa, tendo em vista as ponderações anteriores.

Após a realização destas análises, o profissional conseguirá definir um valor das despesas e, em seguida, poderá somar o preço dos seus honorários a este valor, finalizando, assim, a precificação justa dos serviços.

O profissional ainda poderá acrescentar ao preço final um valor que servirá de "fundo de reserva" para custear alguma despesa extra que venha a acontecer por qualquer imprevisto na execução do serviço.

CAPÍTULO 3

Práticas de topografia

Neste capítulo serão apresentadas 40 práticas de topografia e geodésia, que são exemplos dos conteúdos abordados nos Capítulos 1 e 2. O critério de seleção considerou a formação em cursos técnicos e de engenharia que possuem disciplinas na área de topografia prática. Elas seguem a ordem de práticas de planimetria, altimetria, uso de receptores GNSS e outras (Quadro 3.1) e são apresentadas na estrutura a seguir:

- **Nome da prática** – Título da atividade
- **Objetivo** – Explicação do que se deseja com esta prática e suas aplicações
- **Definição** – Detalhamento conceitual da prática
- **Equipamentos, materiais e/ou acessórios** – Listagem dos itens necessários
- **Passo a passo** – Descrição sequencial da prática
- **Observações** – Comentários, dicas e informações complementares
- **Resultados** – Apresentação em formato de planilhas, cálculos, desenhos, fotos, etc.

Todas as práticas são detalhadas e ilustradas de forma que o profissional, professor ou aluno se aproxime do "campo de trabalho". Algumas podem ser executadas individualmente, porém quase todas necessitam de uma equipe de topografia.

Os instrumentos (equipamentos, materiais e acessórios) foram apresentados no Capítulo 2 e estão indicados quais são utilizados em cada prática.

No item "passo a passo" são listadas etapas para cumprir o objetivo proposto; a lista relaciona sugestões, podendo ser inseridas/excluídas etapas.

Em algumas práticas são descritas observações para complementar o entendimento.

Quanto aos resultados esperados ou apresentados, estes são dos mais diversos, podendo em alguns exemplos serem até omitidos.

O Quadro 3.1 resume as práticas descritas neste capítulo, destacando o equipamento indispensável e o grau de dificuldade para a execução de cada prática. A dificuldade pode estar associada a complexidade de campo, cálculos matemáticos, tipo ou manuseio dos equipamentos envolvidos.

Quadro 3.1 >> **Resumo das práticas**

	Prática	Grau de dificuldade			Equipamento principal
		Baixo	Médio	Alto	
1	Elaboração de um croqui	■			Trena
2	Medição de distâncias horizontais com a trena	■			Trena
3	Medição de distâncias com trena a laser	■			Trena a laser
4	Medições de inclinações com o inclinômetro digital	■			Inclinômetro digital
5	Instalação de uma estação total		■		Estação total
6	Materialização de uma poligonal topográfica com a estação total		■		Estação total
7	Irradiação de pontos a partir de uma poligonal topográfica		■		Estação total
8	Materialização de uma poligonal topográfica aberta e apoiada			■	Estação total
9	Materialização de um estaqueamento	■			Trena
10	Locação planimétrica por coordenadas polares com teodolito ou estação total		■		Estação total
11	Locação de obras por coordenadas retangulares (X e Y) com estação total			■	Estação total
12	Determinação de coordenadas retangulares de pontos inacessíveis		■		Teodolito
13	Determinação das coordenadas de um ponto pela técnica de Pothenot			■	Teodolito
14	Medição de ângulos horários pelo método das direções com estação total ou teodolito		■		Estação total
15	Locação de curva circular simples por deflexões com teodolito		■		Teodolito
16	Locação de curva circular simples por irradiações com a estação total		■		Estação total
17	Locação de curva circular com transição em espiral por irradiações			■	Estação total
18	Determinação de raio de curvas a partir da corda e flecha	■			Trena
19	Locação de uma edificação		■		Trena

#	Prática				Equipamento
20	Nivelamento com nível de mangueira	■			Nível de mangueira
21	Nivelamento geométrico simples com nível ótico	■			Nível ótico
22	Nivelamento geométrico composto com nível ótico		■		Nível ótico
23	Nivelamento geométrico com nível digital		■		Nível digital
24	Nivelamento trigonométrico com a estação total		■		Estação total
25	Nivelamento trigonométrico pelo método *leap frog* com estação total			■	Estação total
26	Nivelamento taqueométrico com teodolito		■		Teodolito
27	Locação de greide com nível		■		Nível ótico
28	Locação de greide de valas com estação total		■		Estação total
29	Locação de *offsets* de uma estrada com estação total			■	Estação total
30	Levantamento com receptor GPS de navegação	■			Receptor GPS de navegação
31	Método estático com receptor GNSS topográfico ou geodésico			■	Receptor GNSS
32	Método *stop and go* com receptor GNSS topográfico ou geodésico			■	Receptor GNSS
33	Locação pelo método *Real Time Kinematic* com receptor GNSS geodésico			■	Receptor GNSS
34	Nivelamento geodésico com receptor GNSS topográfico ou geodésico			■	Receptor GNSS
35	Precisão das coordenadas obtidas pelos receptores de geodésico, topográfico e de navegação				Receptores de satélites
36	Comparação entre as distâncias UTM e topográfica		■		Receptor GNSS e estação total
37	Determinação dos azimutes de quadrícula, geodésico, verdadeiro e magnético		■		Receptor GNSS e bússola
38	Levantamento topográfico com VANT			■	VANT
39	Levantamento topográfico com *scanner laser*			■	*Scanner laser*
40	Levantamento topobatimétrico com ecobatímetro			■	Ecobatímetro

>> Prática 1 – Elaboração de um croqui

Objetivo: Construir o croqui de um local com: registro fotográfico, informações de orientação, nome de ruas, localização de equipamentos urbanos, através da representação em tamanhos relativos, coordenadas de pontos, etc.

Definição: Croqui é um desenho preliminar e esquemático para representar os elementos de um determinado local.

Equipamentos, materiais e/ou acessórios: Prancheta, papel, lápis, máquina fotográfica, imagens do local (por exemplo, do *Google Earth*), materiais de desenho, receptor GPS de navegação, bússola, trena, etc.

Passo a passo:

1. Definir o local a ser levantado (p.ex, Praça Paulo Sigaud, Bairro Nova Suíça, Belo Horizonte, MG).
2. Selecionar os materiais necessários: prancheta, lápis, borracha, papel, bússola, imagem do local, máquina fotográfica, etc.
3. Anotar em campo as informações: nome das ruas, posição das árvores, poço de visita (PV), boca de lobo (BL), poste, meio-fio, construções, entre outros equipamentos urbanos.
4. Desenhar, ainda em campo, os elementos observados considerando uma proporção entre as medidas dos objetos.
5. Determinar a posição do sentido norte magnético com uma bússola e representá-lo no desenho.
6. Registrar, com o GPS de navegação, as coordenadas geográficas ou UTM do centro da localidade (neste caso, da Praça Paulo Sigaud).
7. Fotografar o local para ilustrar o croqui e servir de referência para alguma dúvida futura.

Resultados:

a. Croqui desenhado com a representação dos objetos de interesse
b. Registro fotográfico
c. Coordenadas geodésicas ou UTM aproximadas (Figuras 3.1 e 3.2)

Figura 3.1 >> Vista aérea e ao nível da praça Paulo Sigaud, Belo Horizonte, MG.
Fonte: Google Earth; Google Street View (2016).

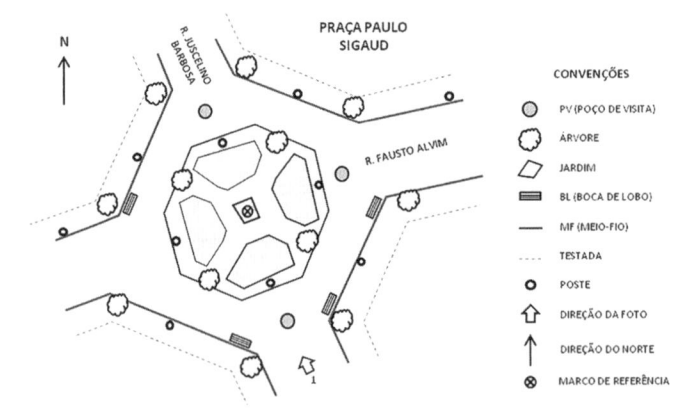

Figura 3.2 >> Croqui do local.
Fonte: Os autores.

Dados complementares	Observações:
Coordenadas Geodésicas (SIRGAS 2000): 19° 55' 36,32"S; 43º 58' 45,96"W	Coordenadas obtidas pelo *software* Google Earth e comparadas em campo com receptor GPS de navegação, com o objetivo de conhecer o equipamento e os diferentes tipos de coordenadas.
Coordenadas UTM (SIRGAS 2000): 7.796.299,657 mN; 606.810,265 mE Fuso 23 – MC 45º W	Caso queira tomar medidas de algum detalhe pode-se utilizar uma trena.

» Prática 2 – Medição de distâncias horizontais com a trena

Objetivo: Obter as distâncias horizontais (topográficas) com uso de trena e balizas.

Definição: Medir uma distância horizontal (topográfica) consiste em projetar os pontos num plano horizontal, avaliando a menor distância entre os mesmos.

Equipamentos, materiais e/ou acessórios: Trena de 20 m (ou maior) e balizas com nível de cantoneira

Passo a passo:

1. Implantar dois pontos no mesmo nível ou em níveis diferentes a serem medidos com a trena ou escolher dois pontos já existentes em campo.
2. Posicionar as balizas sobre estes pontos e verificar sua verticalidade, com o auxílio do nível de cantoneira.
3. Posicionar a trena no eixo da primeira baliza, com a medida 0 m, esticá-la horizontalmente até o eixo da segunda baliza e anotar a medida da distância obtida.
4. Observações indispensáveis durante o processo:
a. a horizontalidade da trena, evitando distâncias inclinadas, com o auxílio de um terceiro observador;
b. o erro de catenária, procedendo-se uma tensão nas extremidades;
c. o desvio lateral da trena, no caso da medida ser maior que o tamanho da trena, procedendo-se o balizamento;
d. a leitura e anotação correta da medida;
e. a qualidade dos equipamentos, considerando a calibragem e a procedência.

Resultados: Determinação das distâncias horizontais (topográficas) (Figuras 3.3 e 3.4).

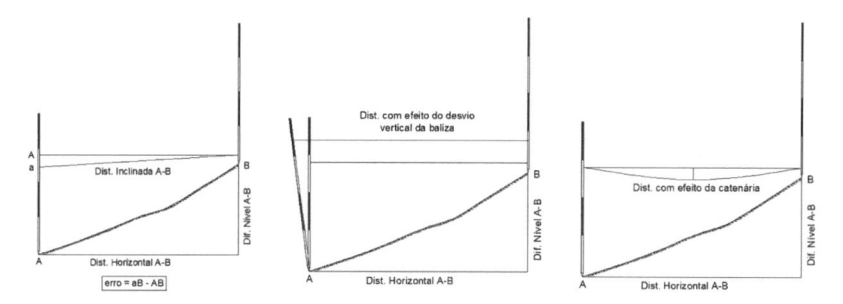

Figura 3.3 » Erros comuns que devem ser evitados.
Fonte: Os autores.

Figura 3.4 » Exemplos da medição de uma distância horizontal.
Fonte: Os autores.

» Prática 3 – Medição de distâncias com trena a laser

Objetivo: Obter distâncias com uso da trena a laser.

Definição: Medir uma distância com trena a laser consiste em um processo de medição de forma indireta pelo princípio de emissão de ondas eletromagnéticas pelo equipamento até um objeto ou anteparo.

Equipamentos, materiais e/ou acessórios: Trena a laser

Passo a passo:

1. Verificar a precisão e o alcance do equipamento.
2. Configurar a trena a laser em relação à posição do "zero" do equipamento.
3. Implantar os pontos ou considerar os pontos a serem medidos.
4. Posicionar a trena a laser no primeiro ponto e apontá-la com o auxílio do laser para o segundo ponto.
5. Acionar a tecla "medir" e avaliar a distância. Para a medição de distância horizontal, o equipamento deve estar nivelado (Figura 3.5).

Observações:

a. Alguns modelos de trena a laser permitem a medição da distância no modo contínuo, em que são avaliadas várias distâncias num intervalo de tempo.
b. Existem modelos que permitem avaliar a menor ou maior distância de um trecho considerado.
c. Ainda, em alguns destes equipamentos existem módulos para cálculo de áreas, volumes, além da maior e menor distâncias.
d. As medições podem atingir até aproximadamente 100 m de acordo com o modelo e fabricante.
e. A referência de medição do 0 metro pode ser alterada de acordo com a necessidade: face inferior ou superior da trena, ou ainda, em algum ponto marcado no corpo do equipamento (Figura 3.6).

Resultados: Medição das distâncias horizontais, verticais ou inclinadas. Pode-se obter também, dependendo do modelo da trena a laser, áreas, volumes, etc.

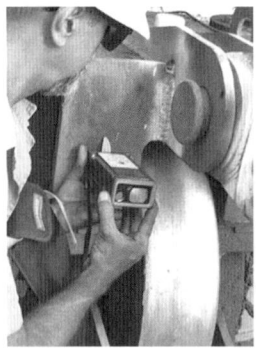

Figura 3.5 » Medições com a trena laser.
Fonte: Os autores.

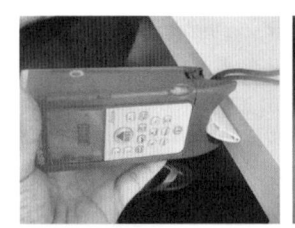

Figura 3.6 » Detalhes das referências da posição 0 m para medição com a trena laser.
Fonte: Os autores.

» Prática 4 – Medições de inclinações com o inclinômetro digital

Objetivo: Obter inclinações de superfícies (i) em unidades de ângulos e/ou percentagens com o inclinômetro digital.

Definição: Medição de inclinações com inclinômetro digital consiste em relacionar a distância vertical com a distância horizontal (Dv/Dh).

Equipamentos, materiais e/ou acessórios: Inclinômetro digital

Passo a passo:

1. Configurar o equipamento para a unidade de preferência (m/m, graus ou percentagem).
2. Posicionar o instrumento na superfície em que se deseja medir a inclinação.
3. Medir a inclinação. Pode-se alterar a unidade de leitura para visualização da inclinação.

Observação: Existem no mercado diversos modelos, precisões e fabricantes de inclinômetros digitais e mecânicos. Por exemplo, o sextante náutico era um inclinômetro utilizado no passado para determinação da latitude de uma embarcação no mar (Figura 3.7).

Figura 3.7 » **Um sextante náutico e um inclinômetro mecânico.**
Fonte: Scorpp/Shutterstock; Dovzhykov Andriy/Shutterstock.

Resultados: Determinação de inclinações ou verificação da horizontalidade ou verticalidade de superfícies (Figura 3.8).

Pode-se obter a percentagem da inclinação (i (%)) através da tangente do ângulo da inclinação (α) e o ângulo da inclinação (α) através do arco tangente das distâncias vertical e horizontal.

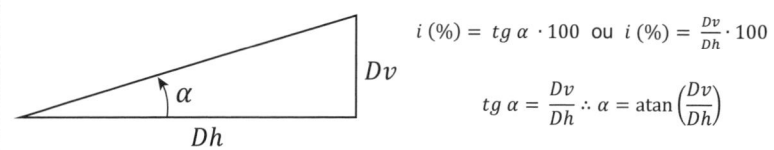

$$i\,(\%) = tg\,\alpha \cdot 100 \quad \text{ou} \quad i\,(\%) = \frac{Dv}{Dh} \cdot 100$$

$$tg\,\alpha = \frac{Dv}{Dh} \therefore \alpha = \operatorname{atan}\left(\frac{Dv}{Dh}\right)$$

- Uma inclinação é a relação entre a distância vertical (Dv) e a distância horizontal (Dh).
- Uma inclinação de 10% significa que em uma distância horizontal de 100 m tem-se uma distância vertical ou diferença de nível de 10 m, ou seja, Dv/Dh = 10/100 = 0,1 m/m.
- Uma inclinação de 100% significa uma razão Dv/Dh = 100/100 = 1/1, que corresponde ao ângulo de inclinação de 45°.

Figura 3.8 » **Medição da inclinação de uma peça com inclinômetro digital.**
Fonte: Os autores.

>> Prática 5 – Instalação de uma estação total

Objetivo: Instalar uma estação total sobre um ponto topográfico.

Definição: A instalação de uma estação total consiste em centralizar e nivelar o equipamento sobre um ponto topográfico. A centralização é a coincidência do eixo vertical do equipamento com o auxílio do prumo ótico ou laser. O nivelamento é a materialização do plano horizontal topográfico com o auxílio dos níveis de bolha e digital (Figura 3.9).

Equipamentos, materiais e/ou acessórios: Estação total, tripé e piquete (prego ou tinta)

Passo a passo:

1. Utilizar um marco ou implantar um ponto topográfico com piquete, prego ou tinta.
2. Ajustar as pernas do tripé de forma que a altura fique confortável para o operador.
3. Posicionar o tripé sobre o ponto topográfico.
4. Apoiar e prender, com o parafuso de fixação, a estação total no centro do prato do tripé.
5. Apoiar uma das pernas do tripé e, com o auxílio das outras duas pernas, pré-centralizar o equipamento sobre o ponto topográfico após, apoiar estas duas pernas fixando-as ao chão, mantendo o prato o mais nivelado possível.
6. Ajustar a centralização, observando o prumo ótico ou laser, com auxílio dos parafusos calantes.
7. Ajustar o nivelamento com auxílio das pernas do tripé, observando o nível de bolha.
8. Verificar a centralização do equipamento. Caso ainda não esteja centralizado, repetir os passos 6 e 7 ou, com o parafuso de fixação afrouxado, movimentar o equipamento no prato do tripé para pequenos ajustes nesta centralização.
9. Girar o equipamento em algumas direções para verificação da perfeita centralização e nivelamento do equipamento.

Observação: O ponto topográfico poderá ser materializado com um piquete cravado no terreno. Para uma melhor visualização, ele poderá ser pintado e deverá ter um prego de referência em seu centro para melhor precisão.

A prática poderá ser feita em um marco já implantado, seguindo-se os mesmos passos.

Resultados: Aparelho centralizado e nivelado para realizar as medições topográficas (Figura 3.10).

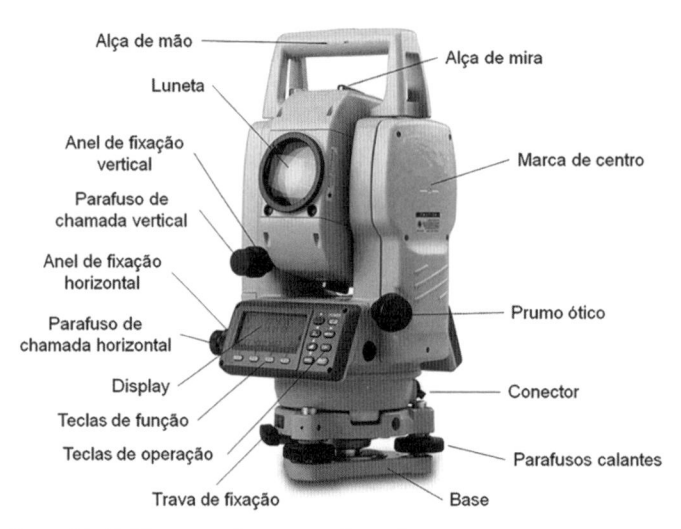

Figura 3.9 >> Elementos de uma estação total.
Fonte: Os autores.

Figura 3.10 >> Operação de instalação de uma estação total.
Fonte: Os autores.

» Prática 6 – Materialização de uma poligonal topográfica com a estação total

Objetivo: Materializar uma poligonal topográfica fechada com a medição de ângulos horários e distâncias horizontais entre os vértices, a partir de pontos topográficos pré-determinados.

Definição: A materialização de uma poligonal topográfica consiste em medir e registrar todos os ângulos e distâncias formados entre os alinhamentos. No caso de uso de uma estação total estes ângulos e distâncias serão medidos de forma digital e assim será denominada de poligonal eletrônica. Caso esta seja fechada, ou seja, o ponto de saída coincidir com o de chegada está será denominada de poligonal em *looping*.

Equipamentos, materiais e/ou acessórios: Estação total, tripé e bastão/prisma

Passo a passo:

1. Materializar os pontos topográficos dos vértices da poligonal.
2. Instalar a estação total sobre o primeiro ponto topográfico (E_0) da poligonal.
3. Posicionar e nivelar o bastão/prisma sobre o ponto topográfico (E_4), que será denominado "visada de ré".
4. Visar o bastão o mais baixo possível, próximo ao ponto topográfico.
5. Bloquear os giros horizontal e vertical, e atuar nos parafusos de chamada para ajuste final da visada.
6. Introduzir o ângulo zero na estação total (esta operação, em topografia, é denominada "zerar" o equipamento).
7. Visar o prisma, elevando-se a luneta, sem atuar no movimento do giro horizontal, e medir a distância para a "visada de ré", gravando a distância e o ângulo em arquivo digital da estação total (a medição da distância para ré é opcional em algumas práticas).
8. Posicionar e nivelar o bastão/prisma sobre o ponto topográfico (E_1), que será denominado "visada de vante".
9. Girar a estação total horizontalmente e visar o bastão o mais baixo possível, próximo ao ponto topográfico.
10. Proceder o passo 5 e medir o ângulo horizontal.
11. Proceder o passo 7 medindo a distância para a "visada de vante" e gravando a distância e o ângulo em arquivo digital da estação total.
12. Repetir os passos de 2 a 11 para todos os vértices.
13. Descarregar os dados do levantamento para processamento em *software* topográfico.

Observação: Para o cálculo da poligonal topográfica é necessário arbitrar as coordenadas topográficas da origem (E_0) e definir a orientação (em relação ao norte magnético, de quadrícula ou verdadeiro) dessa poligonal (Az E_0-E_1) (ver Prática 37).

Resultados: Materialização da poligonal pela medição dos ângulos e distâncias entre os alinhamentos para o cálculo da planilha de coordenadas retangulares (X; Y) (Figuras 3.11 e 3.12).

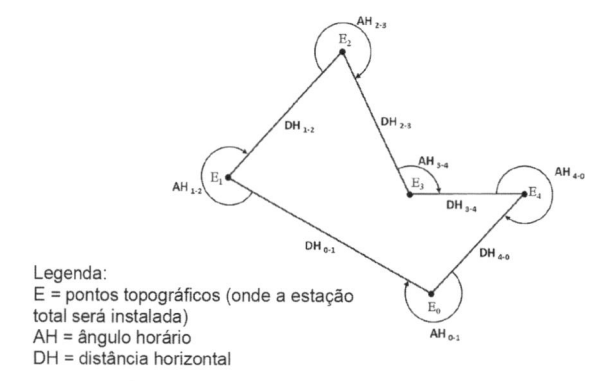

Figura 3.11 » Poligonal topográfica eletrônica em *looping*.
Fonte: Os autores.

Figura 3.12 » Instalação de uma estação total num vértice da poligonal topográfica.
Fonte: Os autores.

» Prática 7 – Irradiação de pontos a partir de uma poligonal topográfica

Objetivo: Irradiar (cadastrar) pontos em torno dos pontos topográficos de uma poligonal topográfica, medindo-se os ângulos horários e distâncias horizontais.

Definição: Irradiar pontos consiste em medir todos os ângulos e distâncias formados entre a poligonal e as visadas aos pontos de interesse. Esta prática poderá ser executada com teodolito e trena ou com estação total e conjunto bastão/prisma.

Equipamentos, materiais e/ou acessórios: Estação total ou teodolito, tripé, bastão/prisma ou trena e baliza

Passo a passo:

1. Instalar a estação total (ou teodolito) sobre um ponto topográfico da poligonal (p.ex., P2).
2. Posicionar e nivelar o bastão com o prisma (ou baliza) sobre o ponto topográfico (P1).
3. Visar o P1 "zerando" o equipamento. Esta visada será denominada "visada de ré".
4. Posicionar e nivelar o bastão/prisma (ou baliza) sobre os pontos a serem irradiados (i1, i2, i3 e i4) que podem representar postes, árvores, canaletas, muros, cercas, etc.
5. Girar a luneta do instrumento até o centro do prisma (ou baliza) para medir o ângulo horário e a distância horizontal com o bastão/prisma ou trena. Esta medição ao ponto irradiado deverá ser nomeada de acordo com as convenções topográficas, codificando-o para organização dos dados de campo.
6. Instalar novamente a estação total (ou teodolito) sobre outro ponto topográfico da poligonal (p.ex., P3).
7. Repetir os passos 2 e 3.
8. Posicionar e nivelar o bastão/prisma (ou baliza) sobre os pontos a serem irradiados (i5, i6, i7 e i8) e proceder conforme os passos 4 e 5.
9. Repetir os passos a partir de outros vértices da poligonal, caso queira irradiar outros pontos.

Resultados: Determinação da posição dos pontos irradiados, a partir da poligonal topográfica, com o cálculo de suas coordenadas retangulares (X; Y) (Figuras 3.13 e 3.14).

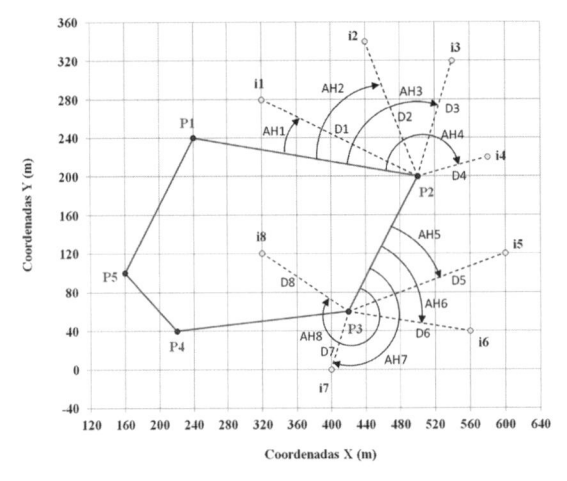

Figura 3.13 » Poligonal dos pontos irradiados i1 a i4 a partir do ponto P2 e i5 a i8 a partir de P3, medindo-se os ângulos horários (AH) e as distâncias (D).
Fonte: Os autores.

Legenda:
P = pontos topográficos (estação)
AH = ângulo horário
D = distância horizontal
I = pontos irradiados

EXEMPLO DE PLANILHA DE COORDENADAS COM PONTOS IRRADIADOS

Estação	Ponto Visado	Distância (m)	Azimute	Ângulo horário	X (m)	Y (m)
P1	-	-	-	-	240,000	240,000
P1	P2	263,059	98° 44' 46"	249° 00' 05"	500,000	200,000
P2	P3	161,245	209° 44' 42"	290° 59' 55"	420,000	60,000
	i1	196,977	293° 57' 45"	15° 12' 59"	320,000	280,000
	i2	152,315	336° 48' 05"	58° 03' 19"	440,000	340,000
	i3	126,491	18° 26' 06"	264° 28' 21"	540,000	320,000
	i4	82,462	75° 57' 50"	322° 00' 05"	580,000	220,000
P3	P4	200,998	264° 17' 22"	234° 32' 40"	220,000	40,000
	i5	189,737	71° 33' 54"	41° 49' 13"	600,000	120,000
	i6	141,421	98° 07' 48"	68° 23' 07"	560,000	40,000
	i7	63,246	198° 26' 06"	41° 38' 01"	400,000	0,000
	i8	116,619	300° 57' 50"	144° 09' 44"	320,000	120,000
P4	P5	84,853	315° 00' 00"	230° 42' 38"	160,000	100,000
P5	P1	161,245	29° 44' 42"	254° 44' 42"	240,000	240,000

Figura 3.14 » Caderneta de campo dos pontos irradiados da Figura 3.13.
Fonte: Os autores.

» Prática 8 – Materialização de uma poligonal topográfica aberta e apoiada

Objetivo: Implantar uma poligonal topográfica aberta e apoiada, partindo-se de dois pontos de coordenadas conhecidas e chegando a outros dois pontos de coordenadas também conhecidas.

Definição: Numa poligonal aberta e apoiada, os pontos de partida e chegada não coincidem em campo.

Equipamentos, materiais e/ou acessórios: Estação total, tripé, bastão/prisma

Passo a passo:

1. Obter os valores das coordenadas topográficas dos dois pontos de partida (M1 e M2) e dos outros dois pontos de chegada (M3 e M4) (Figura 3.15).
2. Instalar a estação total sobre o ponto M2.
3. Posicionar e nivelar o bastão/prisma sobre o ponto M1 e que será denominado "visada de ré" e a referência de partida.
4. "Zerar" o equipamento em M1.
5. Posicionar e nivelar o bastão/prisma sobre o ponto A, que será denominado "visada de vante", medindo-se o ângulo horário e a distância horizontal.
6. Repetir os passos 2 até 5 para todos os vértices da poligonal (pontos A, B, até chegar ao ponto M3).

Observações:

a. Os marcos M1 e M4 são considerados apenas pontos de referência para fechamento em azimutes e, desta forma, não é necessário a medição das distâncias M1–M2 e M3–M4.

b. As coordenadas destes marcos podem ser obtidas por rastreamento GNSS, com valores em coordenadas UTM. Neste caso, deve-se fazer o cálculo da poligonal UTM, com distâncias e ângulos em UTM, e depois deve-se transformá-las em coordenadas topográficas (Tuler e Saraiva, 2015).

c. Este tipo de poligonal é muito utilizado em obras viárias, de canalizações, ou seja, àquelas que possuem um desenvolvimento longitudinal. Exemplos de poligonais abertas são trechos de estradas ou de um córrego, linhas de transmissão, canalização, entre outros.

d. Para cálculo dos erros angulares e lineares as coordenadas dos pontos das bases de saída (M1 e M2) e da chegada (M3 e M4) devem ser conhecidas (Figura 3.15).

Resultados: Cálculo das coordenadas topográficas por medições dos ângulos e das distâncias entre os alinhamentos da poligonal aberta (Figuras 3.15 e 3.16).

Legenda:
M = marco topográfico
AH = ângulo horário
d = distância horizontal
A e B = pontos da poligonal
AZ = azimute
N = norte

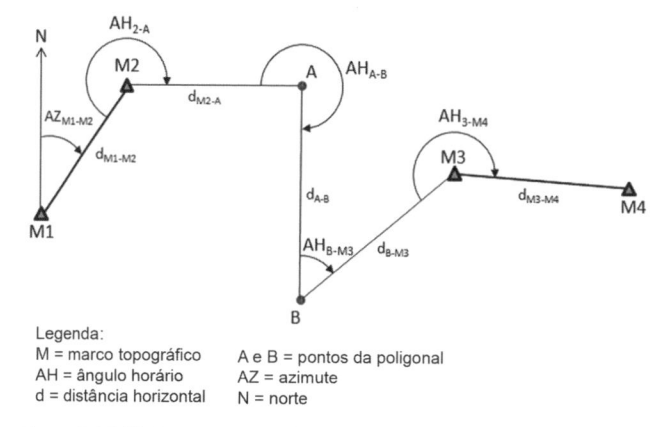

Figura 3.15 » Representação de uma poligonal aberta e apoiada.
Fonte: Os autores.

Figura 3.16 » Poligonal aberta e apoiada materializada numa rua.
Fonte: Os autores.

» Prática 9 – Materialização de um estaqueamento

Objetivo: Materialização de pontos topográficos com intervalos de distâncias pré-definidos.

Definição: O estaqueamento é um alinhamento demarcado em campo com piquetes ou estacas, com distâncias pré-definidas. No meio viário, a unidade de uma estaca geralmente corresponde a 20 metros. Porém, um estaqueamento pode ser materializado para estaca inteira ou intermediária (p.ex., estacas a cada 2, 5 ou 10 metros).

Equipamentos, materiais e/ou acessórios: Teodolito ou estação total, balizas, trena, piquetes, estacas ou marcadores

Passo a passo:

1. Definir o alinhamento a ser estaqueado (trecho reto ou curvo).
2. Instalar o teodolito ou a estação total no primeiro ponto do estaqueamento.
3. Orientar a instalação das balizas sobre este alinhamento, implantando as estacas uma a uma com o uso da trena, a partir de uma distância pré-definida.

Observações:

a. Em caso de mudança de direção do alinhamento, deve-se instalar novamente o teodolito ou a estação total sobre este vértice, definindo a visada do novo alinhamento medindo-se o ângulo de deflexão ou o ângulo horário.

b. Considerando que, entre as estacas, as distâncias devem ser regulares, a marcação da próxima estaca de um segundo alinhamento deve ter a medida complementar àquela adotada como padrão, de forma a completar uma distância inteira.

c. O estaqueamento de um trecho retilíneo também pode ser feito a "olho nu" (método expedito), orientando as balizas de forma que estas fiquem "perfiladas".

d. O estaqueamento em curvas de estradas, para efeito de locação em campo, deve seguir a curvatura e ser medida através das cordas entre os pontos. Estas cordas serão diferentes dos arcos, portanto, devem ser calculadas em uma planilha específica (ver Prática 15). Quanto maior o raio, menor será a curvatura e, consequentemente, menor será a diferença entre arco e corda.

Resultados: Materialização de um alinhamento estaqueado (Figura 3.17).

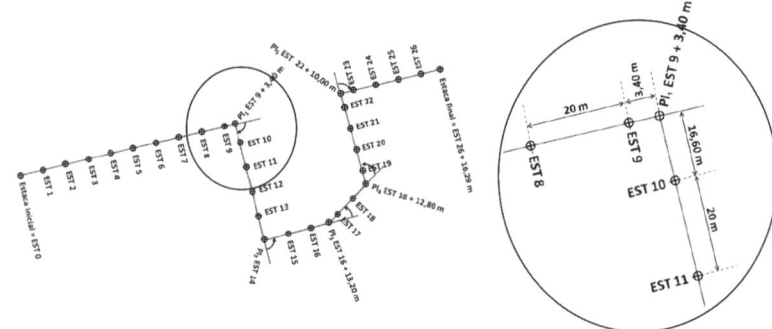

Alinhamentos	Distâncias em metros		Estacas		
	Parcial	Total	Inteiras	Intermediárias	Descrição
0	0,00	0,00	0	0,00	EST 0
1	183,40	183,40	9	3,40	EST 9 + 3,40 m
2	96,60	280,00	14	0,00	EST 14
3	53,20	333,20	16	13,20	EST 16 + 13,20 m
4	39,60	372,80	18	12,80	EST 18 + 12,80 m
5	77,20	450,00	22	10,00	EST 22 + 10,00 m
6	86,29	536,29	26	16,29	EST 26 + 16,29 m

Figura 3.17 » Estaqueamento em um trecho urbano com detalhamento para o ponto PI$_1$.
Fonte: Os autores.

» Prática 10 – Locação planimétrica por coordenadas polares com teodolito ou estação total

Objetivo: Locar em campo um projeto com medição de ângulos e distâncias a partir de uma caderneta de coordenadas retangulares (X; Y).

Definição: Locar uma obra significa implantar os dados conhecidos – as coordenadas retangulares (X; Y) – de um projeto. A partir de uma estação topográfica e de uma referência, calculam-se os ângulos e as distâncias para locação dos pontos.

Equipamentos, materiais e/ou acessórios: Estação total ou teodolito, bastão/prisma, baliza, trena, caderneta de locação, piquete, tinta, marreta

Passo a passo:

1. Obter a caderneta de locação (p.ex., uma malha de tubulões espaçadas de 10 x 10 metros) com suas coordenadas retangulares (X; Y).
2. Transformar as coordenadas retangulares em polares, definindo-se uma estação de origem e uma referência (Figura 3.18).
3. Instalar o instrumento no ponto P0 e visar a baliza no ponto P6, definido como ponto de referência de acordo com caderneta de locação.
4. Zerar o instrumento no ponto P6.
5. Girar horizontalmente o instrumento observando os ângulos horários e as distâncias até os pontos definidos na caderneta de locação para implantar os pontos P1 a P8.

Observações:

a. As medidas das distâncias definidas na caderneta de locação devem ser ajustadas por tentativas se o instrumento utilizado for uma estação total e bastão/prisma. Já com uso da trena, a medição será feita de forma direta.
b. As coordenadas polares também poderão ser obtidas a partir de um desenho automatizado do tipo CAD (Figura 3.19).

Resultados: Materialização dos pontos no campo a partir de um projeto.

Pontos	Coordenadas Retangulares		Coordenadas Polares	
	X (m)	Y (m)	α	distâncias (m)
P0	0,000	0,000	0° 00' 00"	0,000
P1	10,000	0,000	90° 00' 00"	10,000
P2	20,000	0,000	90° 00' 00"	20,000
P3	0,000	10,000	0° 00' 00"	10,000
P4	10,000	10,000	45° 00' 00"	14,142
P5	20,000	10,000	63° 26' 06"	22,361
P6	0,000	20,000	0° 00' 00"	20,000
P7	10,000	20,000	26° 33' 54"	22,361
P8	20,000	20,000	45° 00' 00"	28,284

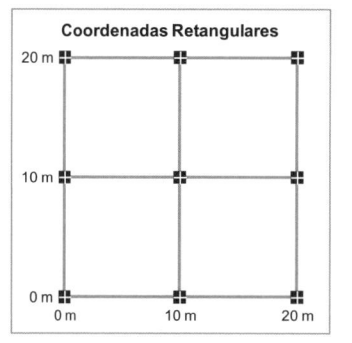

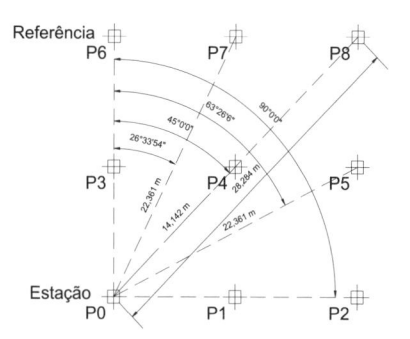

Figura 3.18 » Estação no ponto P0 e visada de referência em P6 para locação dos pontos da caderneta.
Fonte: Os autores.

Figura 3.19 » Prática da locação por coordenadas polares.
Fonte: Pongthorn S/Shutterstock.

» Prática 11 – Locação de obras por coordenadas retangulares (X e Y) com estação total

Objetivo: Locar em campo um projeto a partir de coordenadas retangulares (X e Y).

Definição: Locação de obras por coordenadas retangulares (X e Y) com estação total consiste em locar obras com coordenadas inseridas na estação total em arquivo específico ou por meio de digitação dos dados de uma caderneta de locação. As coordenadas retangulares são aquelas que consideram os eixos cartesianos X e Y.

Equipamentos, materiais e/ou acessórios: Estação total, bastão/prisma, caderneta de locação, piquete e tinta

Passo a passo:

1. Instalar o instrumento sobre o ponto M1 e inserir as coordenadas X e Y conhecidas deste ponto na estação total (Figura 3.20).
2. Visar o prisma posicionado no ponto M2, definido como ponto de referência de acordo com caderneta de locação e inserir as suas coordenadas na estação total.
3. Inserir as coordenadas dos pontos P0 a P8 na estação total para realizar a locação dos mesmos. A estação total indicará o ângulo e a distância horizontal para locar cada ponto.
4. Girar horizontalmente até o ângulo indicado pela estação total para locar o primeiro ponto (P0).
5. Medir a distância horizontal correspondente à direção definida pela estação total.
6. Ajustar, por tentativas, a medida da distância horizontal definida pela estação total até locar exatamente a posição do ponto P0.
7. Repetir os passos de 4 a 6 para locar os demais pontos do projeto.

Observação: É possível a inserção prévia de uma série de coordenadas na estação total e, em campo, buscar estes dados dos pontos para locação (Figura 3.21).

Resultados: Materialização dos pontos no campo a partir de um projeto.

Pontos	Coordenadas Retangulares	
	X (m)	Y (m)
M1	202,841	191,727
M2	186,732	207,709
P0	200,000	200,000
P1	210,000	200,000
P2	220,000	200,000
P3	200,000	210,000
P4	210,000	210,000
P5	220,000	210,000
P6	200,000	220,000
P7	210,000	220,000
P8	220,000	220,000

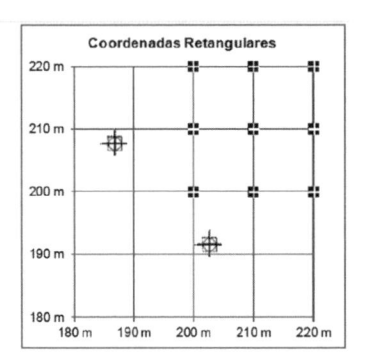

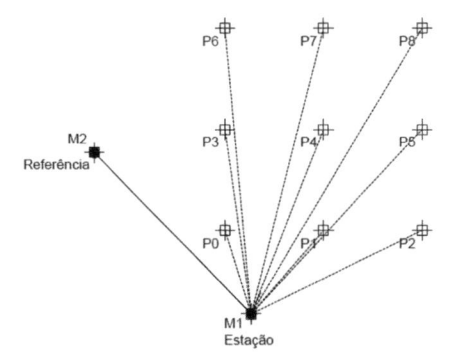

Figura 3.20 » Estação e referência para locação com base na caderneta.
Fonte: Os autores.

Figura 3.21 » Prática da locação por coordenadas retangulares com uso de estação total.
Fonte: Dmitry Kalinovsky/Shutterstock.

» Prática 12 – Determinação de coordenadas retangulares de pontos inacessíveis

Objetivo: Determinar as coordenadas retangulares (X; Y) de pontos inacessíveis.

Definição: Determinação das coordenadas retangulares (X; Y) de pontos inacessíveis consiste em obter medições indiretas de ângulos, a partir de uma distância-base conhecida. Um ponto topográfico inacessível é um ponto de difícil acesso.

Equipamentos, materiais e/ou acessórios: Estação total ou teodolito, tripé, bastão/prisma ou baliza e trena

Passo a passo:

1. Considere para esta prática o exemplo a seguir tendo duas torres de energia elétrica T1 e T2, visadas a partir de uma base formadas pelos pontos E1 e E2 (Figura 3.22).
2. Materializar dois pontos topográficos em campo (por exemplo, E1 e E2).
3. Instalar a estação total sobre o ponto E1.
4. Visar, zerar e medir a distância horizontal com bastão/prisma posicionado sobre o ponto E2.
5. Medir e anotar os valores dos ângulos horários para as visadas aos pontos T1 e T2.
6. Instalar a estação total sobre o ponto E2.
7. Visar e zerar o bastão/prisma localizado sobre o ponto E1.
8. Medir e anotar os valores dos ângulos horários para as visadas aos pontos T1 e T2.
9. Determinar o azimute da base E1-E2 (ver Prática 37) e calcular as coordenadas retangulares (X; Y) de E1 e E2.
10. Calcular, a partir dos ângulos e da distância da base, e pela fórmula dos senos, as distâncias de E1 e E2 até os pontos T1 e T2.
11. Calcular os azimutes dos alinhamentos E1-T1 e E1-T2 a partir do azimute da base E1-E2.
12. Calcular as coordenadas retangulares (X; Y) de T1 e T2 a partir das distâncias e dos azimutes calculados e das coordenadas retangulares de E1 ou de E2.

Observações:

a. Para calcular a distância de T1 a T2 pode-se aplicar a fórmula do cosseno (Figura 3.23).
b. Para conferir o cálculo do passo 1, pode-se calcular a distância T1-T2 pelas suas coordenadas transportadas.
c. Para a determinação de cotas de pontos inacessíveis é necessário a medição de ângulos verticais e conhecimento da cota de E1 ou E2 (ver Práticas 24 e 25).
d. Esta prática também pode ser executada com teodolito, baliza e trena com o mesmo procedimento para leitura dos ângulos e cálculos.

Resultados: Determinação das coordenadas retangulares (X; Y) e distâncias de pontos inacessíveis.

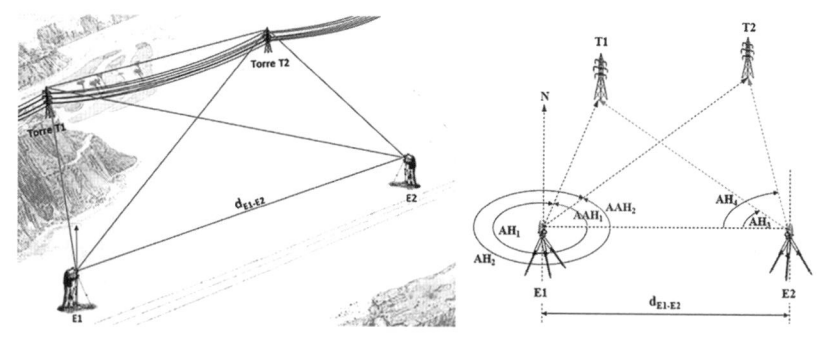

Figura 3.22 » Croqui de uma medição e representação das medições de campo.
Fonte: Os autores.

Fórmulas dos cossenos

$$a^2 = b^2 + c^2 - 2 \cdot b \cdot c \cdot \cos \alpha$$
$$b^2 = a^2 + c^2 - 2 \cdot a \cdot c \cdot \cos \beta$$
$$c^2 = b^2 + a^2 - 2 \cdot b \cdot a \cdot \cos \gamma$$

Fórmulas dos senos

$$\frac{a}{\operatorname{sen}\alpha} = \frac{b}{\operatorname{sen}\beta} = \frac{c}{\operatorname{sen}\gamma}$$

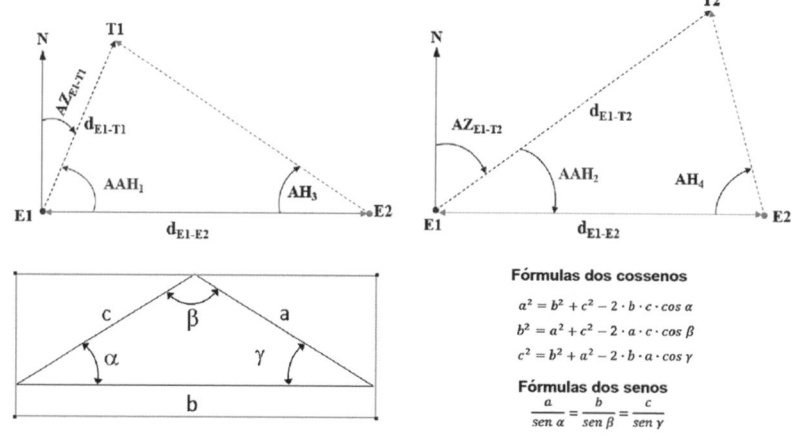

Figura 3.23 » Ângulos, distâncias e fórmulas dos cossenos e dos senos.
Fonte: Os autores.

>> Prática 13 – Determinação das coordenadas de um ponto pela técnica de Pothenot

Objetivo: Determinar as coordenadas retangulares (X; Y) do ponto onde a estação total ou teodolito está instalado.

Definição: Na determinação das coordenadas de um ponto pela técnica de Pothenot se conhecem as coordenadas de três pontos visados para determinar as coordenadas do ponto onde se encontra uma estação total ou teodolito.

Equipamentos, materiais e/ou acessórios: Estação total ou teodolito, tripé, trena

Passo a passo:

1. Conhecer as coordenadas retangulares (X; Y) de três pontos (A, B e C) (Figura 3.24).
2. Materializar um ponto topográfico (P) em campo onde se deseja obter as coordenadas e de onde seja possível visualizar os pontos A, B e C.
3. Instalar instrumento sobre o ponto topográfico materializado (P) e medir os ângulos horizontais H1 e H2.
4. Calcular o ângulo $\beta = (\beta_1 + \beta_2)$ por meio dos azimutes calculados, considerando as coordenadas retangulares de A, B e C.
5. Calcular o ângulo: $\theta = \alpha + \gamma$ igual a 360° - β - H1 - H2.
6. Calcular os ângulos γ ou α com uso da identidade trigonométrica do seno da diferença entre dois arcos (sen α = sen θ. cos γ . – sem γ. cos θ), onde sen θ = sen (α + γ) e igualando esta expressão à formula dos senos dos triângulos PAB e PBC, chegando à expressão:

$$\cotg\gamma = \frac{D_{BC}\cdot \operatorname{sen} H1}{D_{AB}\cdot \operatorname{sen} H2 \cdot \operatorname{sen} \theta} + \cotg\theta$$

7. Calcular as distâncias P-A ou de P-B e P-C e os azimutes A-P ou de C-P.
8. Transportar as coordenadas de A-P ou de C-P para conferência.

Observações:

a. Geralmente as estações totais possuem um programa de cálculo das coordenadas pela técnica de Pothenot.

b. Esta prática pode ser facilitada pelo posicionamento de prismas nos pontos A, B e C, com medições das distâncias de P até estes alvos.

Resultados: Determinação das coordenadas ponto P onde se localiza o instrumento topográfico (Figura 3.25).

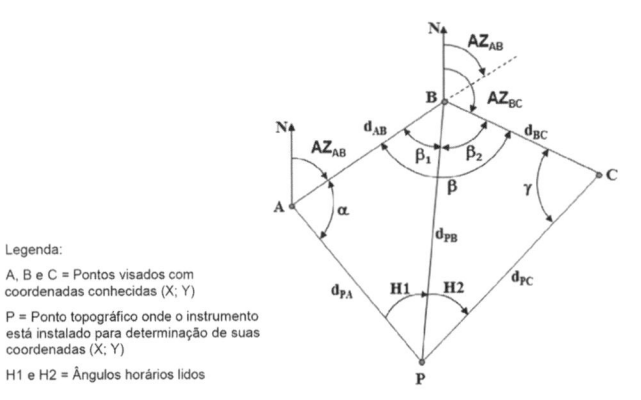

Figura 3.24 >> **Pontos visados e ângulos medidos na técnica de Pothenot.**
Fonte: Os autores.

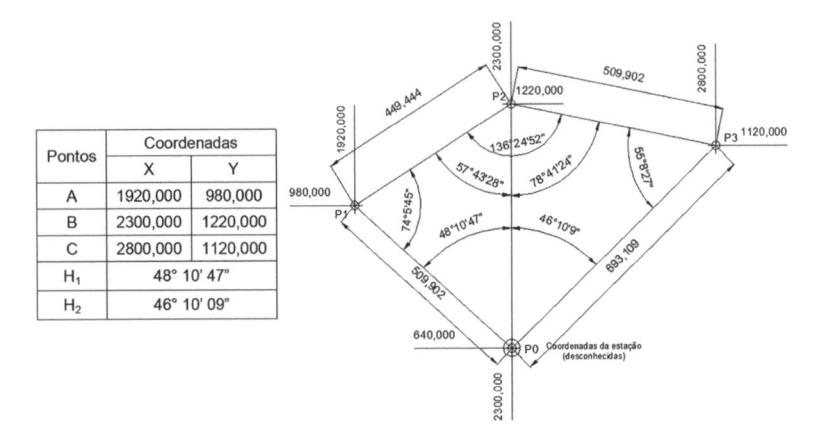

Pontos	Coordenadas	
	X	Y
A	1920,000	980,000
B	2300,000	1220,000
C	2800,000	1120,000
H₁	48° 10' 47"	
H₂	46° 10' 09"	

Figura 3.25 >> **Exemplo de cálculo de Pothenot, a partir dos dados da caderneta com coordenadas X e Y e ângulos horizontais.**
Fonte: Os autores.

» Prática 14 – Medição de ângulos horários pelo método das direções com estação total ou teodolito

Objetivo: Obter um ângulo horizontal pelo método das direções segundo a NBR 13133 (ASSOCIAÇÃO BRASILEIRA DE NORMAS TÉCNICAS, 1994).

Definição: O método das direções consiste nas medições de ângulos horizontais (ou verticais) com visadas nas duas posições de medição permitidas pelo teodolito ou pela estação total (direta e inversa), que serão denominadas leituras conjugadas. A leitura na posição inversa consiste na leitura com a luneta do equipamento na posição invertida (basculada).

Equipamentos, materiais e/ou acessórios: Estação total ou teodolito, tripé, baliza ou bastão/prisma

Passo a passo:

1. Instalar a estação total ou teodolito sobre o ponto topográfico P1 (Figura 3.26).
2. Visar o ponto de referência P0 próximo da posição do ângulo horizontal 0°.
3. Visar os pontos de vante (A e B) e medir os ângulos horizontais.
4. Inverter a luneta (bascular) da estação total ou teodolito e medir os ângulos horizontais nos pontos A, B e P0.
5. Repetir os passos 3 e 4 para novas posições (próximos de 60° e 120°).
6. Anotar em planilha e calcular os ângulos pela média aritmética.

Observações:

a. Alguns serviços topográficos (exigem (por exemplo, para o INCRA) que as poligonais sejam materializadas com o uso do método das direções.
b. O intervalo medido entre as posições da direção-origem chama-se intervalo de reiteração.
c. Para observação de *n* séries de leituras conjugadas pelo método das direções, o intervalo de reiteração deve ser 180°/*n*. Como exemplo, sejam três séries de leituras conjugadas, o intervalo de reiteração deve ser 180°/3 = 60°, e a direção-origem deve ocupar as posições nas proximidades de 0°, 60° e 120°.
d. Os valores dos ângulos medidos pelo método das direções são as médias aritméticas dos seus valores obtidos nas diversas séries.

Resultados: Determinação do ângulo horizontal com maior precisão (Figura 3.27).

Figura 3.26 » Prática de medição dos ângulos pelo método das direções.
Fonte: Os autores.

Estação	Ponto Visado	Leituras				Distância
		Posições	G	M	S	
P1	P0	PD	0	10	30	-
		PI	180	10	27	
	A	PD	45	20	37	100,407
		PI	225	20	45	
	B	PD	135	30	55	101,319
		PI	315	30	43	

Estação	Ponto Visado	Leituras				Distância
		Posições	G	M	S	
P1	P0	PD	60	20	28	-
		PI	240	20	32	
	A	PD	105	30	41	100,413
		PI	285	30	36	
	B	PD	195	40	53	101,319
		PI	375	40	40	

Estação	Ponto Visado	Leituras				Distância
		Posições	G	M	S	
P1	P0	PD	120	30	24	-
		PI	300	30	27	
	A	PD	165	40	33	100,409
		PI	345	40	38	
	B	PD	255	50	49	101,309
		PI	75	50	40	

Figura 3.27 » Exemplo de caderneta da medição pelo método das direções, nas posições 0°, 60° e 120°.
Fonte: Os autores.

>> Prática 15 – Locação de curva circular simples por deflexões com teodolito

Objetivo: Locar uma curva circular simples em um terreno por deflexões e cordas parciais, materializando pontos de seu eixo com distâncias que representem sua curvatura utilizando piquetes, pregos ou tinta.

Definição: Uma curva circular simples é um arco de circunferência para concordar dois trechos em tangente com um raio definido (Figura 3.28). É utilizado para rodovias e ferrovias com raios superiores a 600 metros.

Equipamentos, materiais e/ou acessórios: Planilha de locação da curva, teodolito, tripé, baliza e trena

Passo a passo:

1. Identificar e instalar o aparelho no PI, e visando o PI anterior, medir a distância correspondente à tangente, materializando o PC (ver planilha da Figura 3.28).
2. Instalar o teodolito no PC e visar o ponto que representa a direção do PI de vante, zerando o aparelho.
3. Medir a 1ª deflexão da planilha, definindo uma direção (por exemplo, 0° 17' 51") e com a trena medir a distância da corda (por exemplo, 1,143m) para locar a estaca 498 + 10,000m.
4. Medir a 2ª deflexão da planilha, definindo uma direção (2° 54' 07") e com a trena medir a distância da corda (9,997m ≅ 10,000m) a partir da estaca locada anteriormente, para locar a estaca 499.
5. Repetir o processo para locar todas as estacas até o PT.

Observação: As distâncias para a locação devem ser medidas sempre a partir da última estaca locada, porém os ângulos são acumulados a partir da direção PC-PI.

Resultados: Pontos locados no terreno representando o eixo da curva circular simples referentes a um projeto.

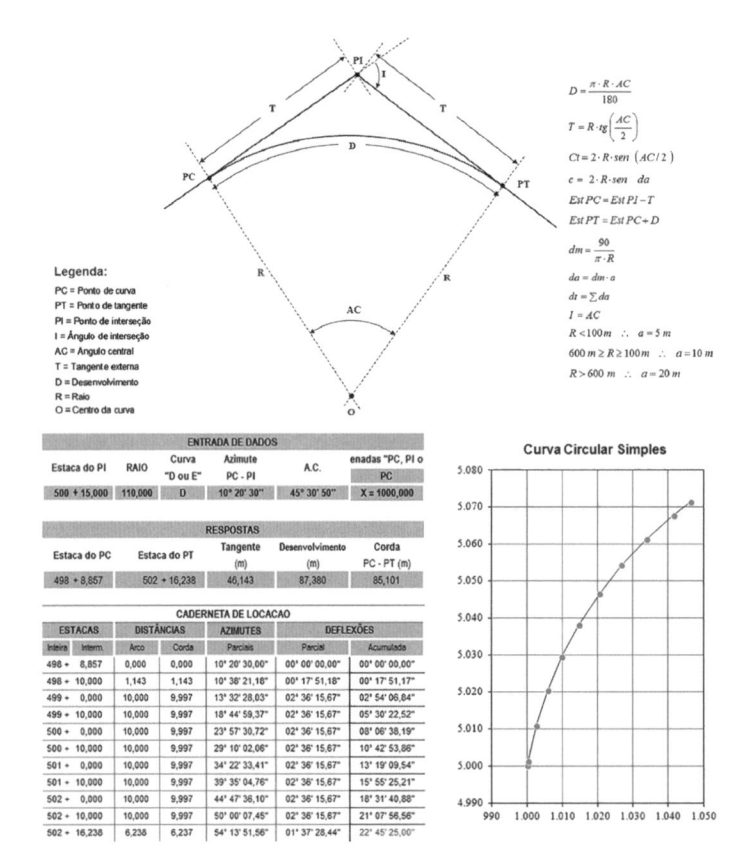

Figura 3.28 >> Elementos e planilha de cálculo da curva circular simples por deflexões.
Fonte: Os autores.

Figura 3.29 >> Curvas circulares em rodovias e ferrovias.
Fonte: tratong/Shutterstock; Alexander Mazurkevich/Shutterstock.

» Prática 16 – Locação de curva circular simples por irradiações com a estação total

Objetivo: Locar uma curva circular simples em um terreno por deflexões (irradiações) e cordas a partir do PC, materializando pontos de seu eixo com distâncias que representem sua curvatura, utilizando piquetes, pregos ou tinta.

Definição: Numa curva circular simples por irradiações, os pontos são materializados medindo-se as deflexões e cordas totais.

Equipamentos, materiais e/ou acessórios: Planilha de locação da curva, estação total, tripé, bastão/prisma

Passo a passo:

1. Identificar e instalar o aparelho no PI, e visando o PI anterior, medir a distância correspondente a tangente, materializando o PC (ver planilha da Figura 3.30).
2. Instalar a estação total no PC e visar o ponto que representa a direção do PI de vante, zerando o aparelho.
3. Medir a 1ª deflexão da planilha, definindo uma direção (por exemplo, 0° 20' 21") e com o bastão/prisma medir a distância da corda (por exemplo, 1,362m) para locar a estaca 499.
4. Medir a 2ª deflexão da planilha, definindo uma direção (2° 49' 49") e com o bastão/prisma medir a distância da corda (11,357m) a partir do PC, para locar a estaca 499 + 10,000m.
5. Medir as próximas deflexões a partir da direção PC-PI, e cordas acumuladas a partir do PC, até visar o PT, materializando cada ponto no terreno.

Observações:

a. As distâncias para a locação deverão ser medidas a partir do PC, ajustando o bastão/prisma por tentativas.
b. Esta locação também pode ser feita pelas coordenadas do PI, PC e pontos a locar, conforme a Prática 11.

Resultados: Pontos locados no terreno representando o eixo da curva circular simples referentes a um projeto.

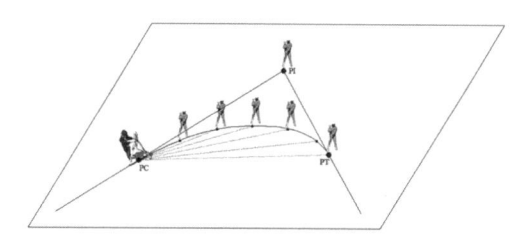

Estaca do PI	RAIO	Curva "D ou E"	Azimute PC - PI	A.C.	Cordenadas "PC, PI ou PT" PI		Opção do Arco "A" automático
500 + 10,000	115,000	D	80° 40' 40"	30° 30' 30"	X = 50,000	Y = 50,000	A

Estaca do PC	Estaca do PT	Tangente (m)	Desenvolvimento (m)	Corda PC - PT (m)	Locação	ArcoParcial (m)	Azimute PC - PT
498 + 18,638	501 + 19,873	31,362	61,234	60,513	IRRADIAÇÃO	10,000	95° 55' 55,00"

ESTACAS		DISTÂNCIAS		AZIMUTES	DEFLEXÕES		COORDENADAS		COORDENADAS	
Inteira	Interm.	Arco	Corda	Parciais	Parcial	Acumulada	ΔX	ΔY	X	Y
498 +	18,638	0,000	0,000	80° 40' 40,00"	-	00° 00' 00,00"	-30,947	-5,080	19,053	44,920
499 +	0,000	1,362	1,362	81° 01' 01,07"	-	00° 20' 21,07"	1,345	0,213	20,397	45,132
499 +	10,000	11,362	11,357	83° 30' 29,11"	-	02° 49' 49,10"	11,284	1,284	30,337	46,204
500 +	0,000	21,362	21,331	85° 59' 57,14"	-	05° 19' 17,14"	21,279	1,488	40,332	46,408
500 +	10,000	31,362	31,264	88° 29' 25,18"	-	07° 48' 45,17"	31,254	0,824	50,306	45,744
501 +	0,000	41,362	41,139	90° 58' 53,21"	-	10° 18' 13,21"	41,133	-0,705	60,186	44,215
501 +	10,000	51,362	50,936	93° 28' 21,25"	-	12° 47' 41,24"	50,842	-3,085	69,895	41,835
501 +	19,873	61,234	60,513	95° 55' 55,00"	-	15° 15' 15,00"	60,189	-6,254	79,242	38,666

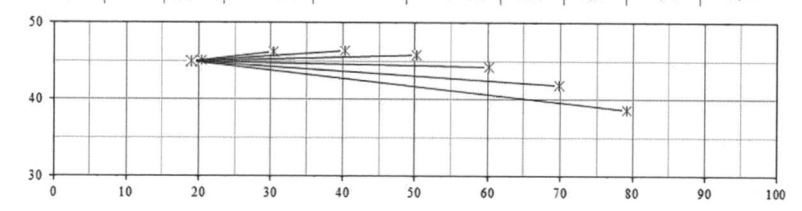

Figura 3.30 » Locação e planilha de cálculo da curva circular simples por irradiações.
Fonte: Os autores.

» Prática 17 – Locação de curva circular com transição em espiral por irradiações

Objetivo: Locar e materializar uma curva circular com transição em espiral (curva de transição) de uma via, por meio de pontos irradiados a partir do TS, SC e CS.

Definição: Locação de uma curva circular com transição em espiral por irradiações consiste em adaptar dois trechos de transição em espiral (TS a SC e ST a CS) em uma curva, partindo de um raio infinito para o raio da curva circular.

Equipamentos, materiais e/ou acessórios: Planilha de locação da curva, estação total, tripé, bastão/prisma

Passo a passo:

1. Materializar o ponto TS com o equipamento instalado no PI, visando o PI anterior, medindo-se a distância Ts (Figura 3.31).
2. Instalar a estação total no ponto TS e visar o ponto que representa a direção do PI de vante, zerando o aparelho.
3. Medir a 1ª deflexão total da planilha, definindo esta direção, e, com o prisma, medir a distância da corda para implantação do 1º ponto da curva.
4. Repetir o passo anterior para cada deflexão e corda correspondente, até visar o ponto SC, materializando cada ponto no terreno.
5. Transferir o aparelho para o ponto SC, visando o ponto TS, zerando e "basculando" a luneta, medindo as próximas deflexões e cordas correspondentes até visar o ponto CS.
6. Instalar o aparelho no ponto CS, visando o ponto SC, zerando e "basculando" a luneta, medindo as deflexões e cordas correspondentes até o ponto ST.

Observação: Esta locação também pode ser feita pelas coordenadas do PI, PC e pontos a locar conforme a Prática 11.

Resultados: Pontos locados no terreno representando o eixo da curva circular simples com transição referentes a um projeto.

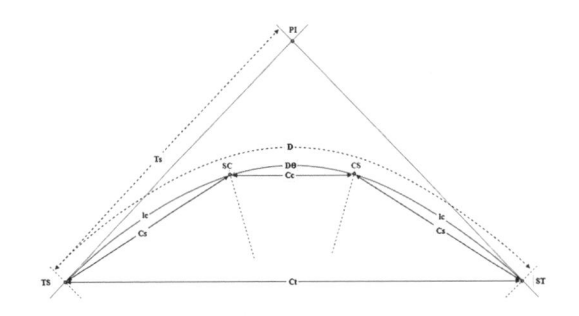

Elementos da curva de transição
- Ts = tangente externa da curva
- PI = ponto de interseção das tangentes
- TS = ponto de início da curva
- SC = ponto de início do ramo circular
- CS = ponto de término do ramo circular
- ST = ponto de término da curva
- Cs = corda da espiral
- Cc = corda do ramo circular
- Ct = corda total da curva
- Ic = desenvolvimento da espiral
- Dθ = desenvolvimento do ramo circular
- D = desenvolvimento total da curva

Elementos usados para locação

Pontos	Estacas		Cordas	Def. Totais
Estaca TS	496	12,054	-	00° 00'00,00"
-	497	2,054	10,000	00° 09'53,74"
-	497	12,054	19,999	00° 39'34,93"
-	498	2,054	29,992	01° 29'03,37"
-	498	12,054	39,966	02° 38'18,28"
Estaca SC	499	2,054	49,897	04° 07'17,60"
-	499	10,000	7,944	10° 12'49,17"
-	500	-	17,928	12° 41'15,25"
-	500	10,000	27,878	15° 09'41,33"
-	501	-	37,776	17° 38'07,41"
-	501	10,000	47,604	20° 06'33,49"
Estaca SC	501	10,762	48,350	20° 17'52,40"
-	502	0,762	9,997	14° 21'31,94"
-	502	10,762	19,984	16° 20'16,83"
-	503	0,762	29,958	17° 59'14,47"
-	503	10,762	39,926	19° 18'25,64"
Estaca ST	504	0,762	49,897	20° 17'52,40"

Figura 3.31 » Elementos e planilha para locação de uma curva circular com transição em espiral.
Fonte: Os autores.

Figura 3.32 » Curva de transição sobre um viaduto em rodovia.
Fonte: Milos Muller/Shutterstock.

>> Prática 18 – Determinação de raio de curvas a partir da corda e flecha

Objetivo: Determinar o raio de uma curva circular medindo-se a corda e a flecha de um trecho da curva.

Definição: A partir dos elementos de uma curva circular e medindo-se, num trecho do arco, a flecha e corda é possível determinar, em campo, o raio de curvatura. A corda é a medida reta referente a um desenvolvimento de curva (A-B) e a flecha (máxima) é a maior medida perpendicular à corda até a curva (Figura 3.33).

Corda (c)	Flecha (f)	Raio (R)	Erro (m)
10,000 m	0,050 m	250,025 m	-
20,000 m	0,200 m	250,100 m	-
50,000 m	1,250 m	250,625 m	-

Valores das flechas com erros de medição de 1 mm			
0 m	0,051 m	245,124 m	-4,901 m
20,000 m	0,201 m	248,857 m	-1,243 m
50,000 m	1,251 m	250,426 m	-0,199 m

Figura 3.33 >> Simulação de valores dos raios em função de cordas e flechas, com erro de campo na medida da flecha de 1 mm.
Fonte: Os autores.

Equipamentos, materiais e/ou acessórios: Trenas e balizas

Passo a passo:

1. Definir dois pontos num trecho da curva circular (A e B).
2. Medir a distância entre estes pontos (corda).
3. Marcar a metade da corda e medir a flecha, perpendicular a esta corda até a curva.
4. Anotar as medidas e proceder ao cálculo do raio.
5. Repetir todos os passos para aferição dos cálculos.

Observações:

a. As medidas da corda e flecha devem ser tomadas em trechos representativos da curva e relativos ao raio de curvatura.

b. Para raios grandes (grau de curvatura pequeno), sugere-se que a corda tenha mais de 20 metros, de forma que a flecha também tenha valor maior facilitando a medida e melhorando a precisão.

c. Esta prática pode ser executada com a estação total e bastão/prisma para distâncias maiores e melhor precisão.

Resultados: Determinação do raio da curva circular (Figuras 3.34, 3.35 e 3.36).

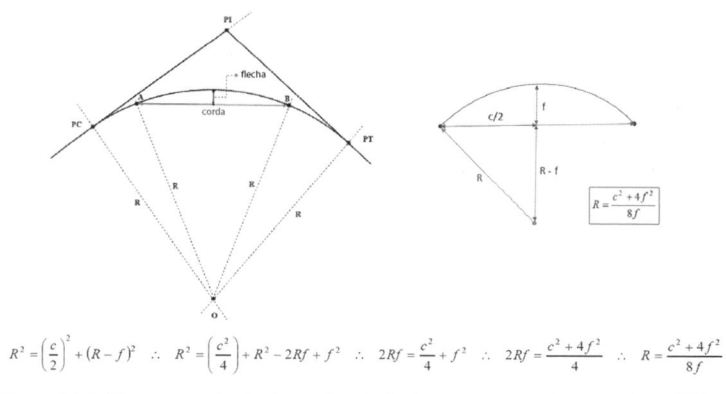

$$R^2 = \left(\frac{c}{2}\right)^2 + (R-f)^2 \therefore R^2 = \left(\frac{c^2}{4}\right) + R^2 - 2Rf + f^2 \therefore 2Rf = \frac{c^2}{4} + f^2 \therefore 2Rf = \frac{c^2 + 4f^2}{4} \therefore R = \frac{c^2 + 4f^2}{8f}$$

Figura 3.34 >> Representação da corda e da flecha numa curva circular e formulário.
Fonte: Os autores.

Figura 3.35 >> Determinação do raio pela corda e flecha para raios pequenos com trenas.
Fonte: Os autores.

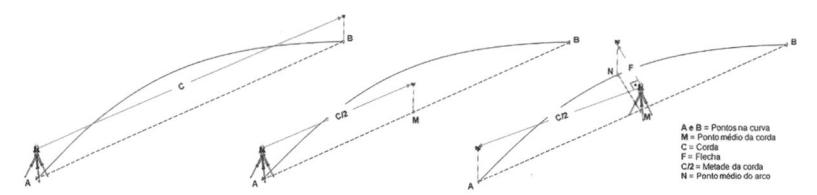

Figura 3.36 >> Determinação do raio pela corda e flecha para raios grandes com estação total.
Fonte: Os autores.

» Prática 19 – Locação de uma edificação

Objetivo: Transferir os elementos de um projeto de uma edificação para o terreno.

Definição: A implantação de um projeto no terreno consiste em determinar todos os referenciais necessários à construção de uma obra, como projetos de implantação, de fundações, de estrutura e da arquitetura e equipamentos para construção do gabarito (cavaletes e tabeiras).

Equipamentos, materiais e/ou acessórios: Teodolito, nível e/ou estação total, nível de mangueira, trena, baliza, mira, nível de pedreiro, prumo, linha de nylon ou arame, tinta esmalte, marreta, martelo e pregos

Passo a passo:

1. Definir o que será locado de posse dos seguintes projetos: RN (cota básica), eixos principais, elementos de fundações (blocos, estacas, sapatas), elementos estruturais (vigas baldrames, pilares, vigas, cortinas) (Figura 3.37).

2. Escolher um ponto notável, como alinhamento da rua, um poste no alinhamento do passeio, algum marco topográfico, muro do vizinho, etc., de forma a relacionar o projeto ao campo.

3. Posicionar o gabarito com estação total ou trena e baliza (Figura 3.38), por exemplo, a 1,4m da borda exterior da futura edificação.

4. Marcar no gabarito nos eixos X e Y as seguintes referências: posição das estacas, eixos e valas das sapatas, centro geométrico e faces dos blocos, eixos de viga baldrame, eixo de parede e pilares, etc. No exemplo, marcar os pontos A (2,5; 3,5), B (4,5; 6,0) e C (8,0; 2,0), a partir de pontos de referência na tabeira, com o cruzamento de linhas de nylon ou arame, nos eixos X e Y (Figura 3.39).

Observação: Na escolha do gabarito, considerar as vantagens e desvantagens no uso de cada tipo:

CAVALETE

- Vantagem: Facilidade de execução e economia de material.
- Desvantagem: Podem ocorrer deslocamentos.

TABEIRA

- Vantagem: Boa precisão, pois é menos sujeito a choques, e facilidade de conferência.
- Desvantagem: Maior custo e pode interferir na sequência executiva, como da entrada de equipamentos, etc.

Resultados: Implantação de pontos notáveis de uma edificação.

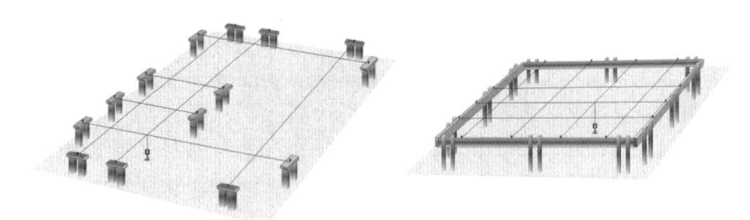

Figura 3.37 » Tipos de gabaritos: por cavaletes ou tabeira.
Fonte: Os autores.

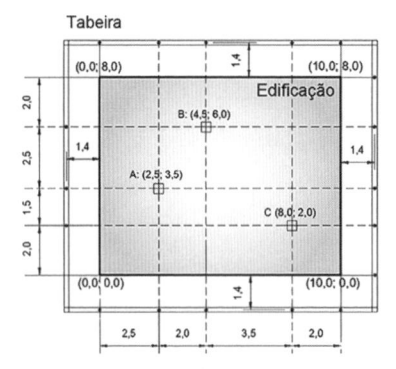

Figura 3.38 » Locação dos pontos A, B e C com base na tabeira.
Fonte: Os autores.

Figura 3.39 » Importância da escolha dos pontos notáveis do projeto para a locação.
Fonte: Os autores.

» Prática 20 – Nivelamento com nível de mangueira

Objetivo: Determinar desníveis entre pontos com um nível de mangueira.

Definição: A determinação de desníveis com uso de uma mangueira transparente contendo água tem como base o princípio físico da pressão exercida nos vasos comunicantes.

Equipamentos, materiais e/ou acessórios: Mangueira transparente e duas réguas ou miras topográficas

Passo a passo:

1. Encher uma mangueira transparente com água.
2. Materializar dois pontos em campo (A e B).
3. Posicionar as réguas ou miras topográficas em cada um dos pontos.
4. Posicionar as extremidades da mangueira próximas às réguas ou miras.
5. Fazer as leituras nas réguas A e B considerando o nível da água (por exemplo, na altura de H1 = 1,000 m em A é igual a H2 = 0,200 m em B) (Figura 3.40).
6. Calcular a diferença entre as duas medidas nas réguas ou miras resultará no desnível entre os dois pontos (no exemplo, H1 – H2 = + 0,800 m).

Observações:

a. Fazer as leituras após o repouso da água, mantendo fixa a mangueira junto às réguas ou miras.
b. É possível outras aplicações como, por exemplo, transferir uma cota de um ponto para outra referência qualquer.

Resultados: Cálculo de desníveis, em função das diferenças de leituras entre as réguas ou miras.

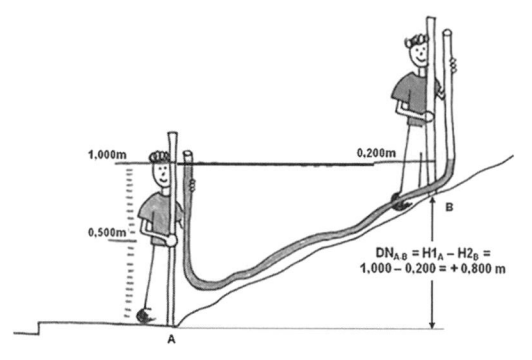

Figura 3.40 » Esquema do nivelamento com uso de nível de mangueira.
Fonte: Os autores.

Figura 3.41 » Exemplo de práticas de nivelamento com nível de mangueira.
Fonte: netsuthep/Shutterstock; os autores; os autores.

≫ Prática 21 – Nivelamento geométrico simples com nível ótico

Objetivo: Determinar as cotas ou os desníveis entre dois ou mais pontos topográficos a partir de apenas uma posição de instalação do nível ótico.

Definição: O nivelamento geométrico simples consiste na instalação do nível apenas uma vez na região a levantar, devido à possibilidade de visar todos os pontos desta única posição de instalação.

Equipamentos, materiais e/ou acessórios: Nível ótico, tripé, mira topográfica e nível de cantoneira

Passo a passo:

1. Definir os pontos a serem nivelados e que possam ser visados de uma única instalação do nível.
2. Definir um ponto atribuindo-lhe uma cota ou considerar a cota ou altitude de uma RN (Referência de Nível) existente.
3. Posicionar e instalar o nível ótico de forma a visar todos os pontos e a RN.
4. Ler a mira "estacionada" na RN, com a posição do fio médio. Esta será denominada de "visada de ré".
5. Ler a mira "estacionada" nos demais pontos, com a posição do fio médio. Estas serão denominadas de "visadas de vante".
6. Anotar as medidas, em metros (ou em milímetros), em caderneta própria de nivelamento geométrico (Figura 3.42).

Observação: Todos os valores de leituras da mira (rés e vantes) e a cota da RN devem ser anotados na caderneta de nivelamento, calculando em seguida os planos de referência (PR) e as cotas dos pontos, em metros: PR = Cota do RN + Ré e Cota do Ponto = PR – Vante

Resultados: Determinação de desníveis entre os pontos topográficos, possibilitando o cálculo de cotas ou altitudes (Figura 3.43).

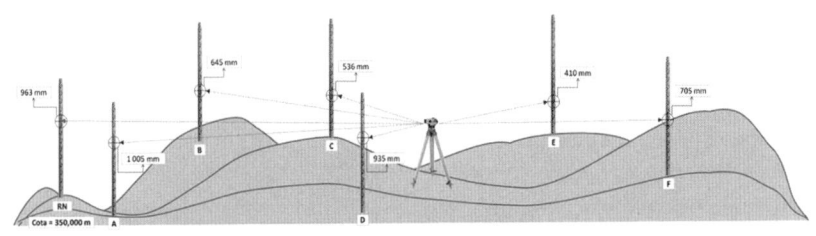

Pontos	Visadas (m) Ré	Visadas (m) Vante	Plano de Referência (m)	Cotas (m)
RN	0,963		350,963	350,000
A		1,005		349,958
B		0,645		350,318
C		0,536		350,427
D		0,935		350,028
E		0,410		350,553
F		0,705		350,258

Figura 3.42 ≫ Croqui e caderneta de campo de um nivelamento geométrico.
Fonte: Os autores.

Figura 3.43 ≫ Prática de nivelamento geométrico simples.
Fonte: Aisyaqilumar2/Shutterstock.

>> Prática 22 – Nivelamento geométrico composto com nível ótico

Objetivo: Determinar as cotas ou os desníveis dos pontos topográficos a partir de mais de uma posição de instalação do nível ótico.

Definição: O nivelamento geométrico composto consiste na instalação do nível mais de uma vez, devido à impossibilidade de visar todos os pontos de uma única instalação do nível. Isto ocorre em função da distância entre os pontos, obstáculos entre as visadas, desníveis superiores ao tamanho da mira, etc. (Figura 3.44).

Equipamentos, materiais e/ou acessórios: Nível ótico, tripé, mira topográfica e nível de cantoneira

Passo a passo:

1. Definir os pontos a serem nivelados (por exemplo, P1 ao P9).
2. Atribuir uma cota num ponto ou considerar a cota ou altitude de uma RN existente.
3. Executar a 1ª instalação do nível em um local onde seja possível visar a RN e os pontos P1, P2 e P3.
4. Ler a mira posicionada na RN, com a posição do fio médio. Identifique-a como "visada de ré" e anote seu valor na caderneta de campo.
5. Ler a mira posicionada nos pontos P1, P2 e P3, com a posição do fio médio e anotar os valores na caderneta. Estas serão denominadas "visadas de vante".
6. Executar a 2ª instalação do nível em outra posição onde seja possível visar os pontos P4, P5 e P6 e também um dos pontos medidos anteriormente (por exemplo, o ponto P3).
7. Ler a mira posicionada no ponto P3, com a posição do fio médio. Esta será denominada agora "visada de ré".
8. Ler a mira posicionada nos pontos P4, P5 e P6, com a posição do fio médio. Estas serão denominadas "visadas de vante".
9. Executar a 3ª instalação do nível em outra posição onde seja possível visar os pontos P7, P8 e P9 e um dos pontos medidos anteriormente (por exemplo, o ponto P6). Ao final, fazer uma leitura na RN para fechamento e conferência da precisão do trabalho (Figura 3.45).

Observação: No caso de um caminhamento, geralmente procede-se o contranivelamento para a conferência das medições.

Resultados: Determinação de desníveis entre os pontos topográficos, possibilitando o cálculo de cotas ou altitudes, em metros.

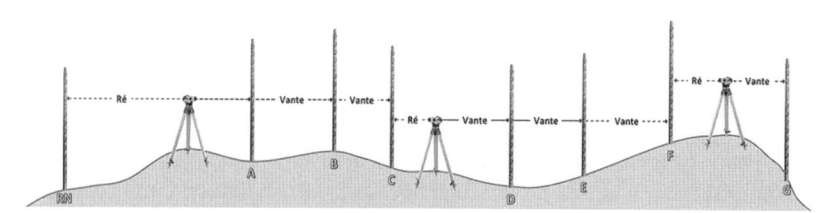

Figura 3.44 >> Esquema de um nivelamento geométrico composto.
Fonte: Os autores.

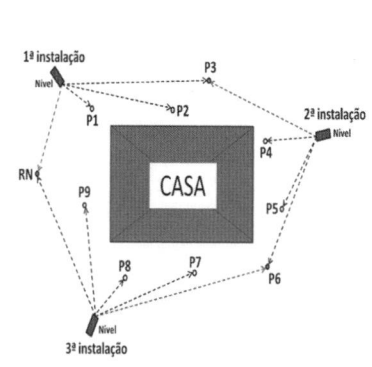

Caderneta de nivelamento				
Ponto	Ré (m)	Vante (m)	Plano de referência (m)	Cota (m)
RN	2,452		502,452	500,000
P1		1,203		501,249
P2		1,858		500,594
P3	1,245	2,655	501,042	499,797
P4		0,958		500,084
P5		1,578		499,464
P6	2,067	1,560	501,549	499,482
P7		2,569		498,980
P8		1,953		499,596
P9		1,623		499,926
RN		1,545		500,004

Figura 3.45 >> Nivelamento geométrico composto e respectiva caderneta de campo. Observa-se um erro de fechamento, por excesso, igual a 4 mm.
Fonte: Os autores.

>> Prática 23 – Nivelamento geométrico com nível digital

Objetivo: Determinar as cotas ou os desníveis entre pontos topográficos a partir de uma ou mais posições de instalação do nível digital, armazenando as leituras na memória do instrumento.

Definição: É o método topográfico executado com nível digital com a mesma metodologia dos nivelamentos geométricos tradicionais (simples e composto). A diferença está na leitura de uma mira gravada em código de barras, em que os dados são armazenados no equipamento para cálculo dos desníveis ou cotas (Figuras 3.46 e 3.47).

Equipamentos, materiais e/ou acessórios: Nível digital, tripé, mira com código de barras e nível de cantoneira

Passo a passo:

1. Criar um arquivo no instrumento para armazenamento dos dados (depende do fabricante).
2. Instalar o nível digital em um local para proceder a "visada de ré".
3. Posicionar a mira com código de barras sobre este ponto de referência, de cota ou altitude conhecida.
4. Inserir no instrumento o valor da cota ou altitude deste ponto de referência, nomeando-o e registrando como "visada de ré".
5. Visar a mira e acionar a tecla correspondente à medição. Neste momento, o instrumento gravará esta leitura na memória.
6. Visar e nomear os demais pontos ("visadas de vante") e acionar novamente a tecla correspondente à medição; o equipamento gravará estas leituras na memória.

Observações:

a. Todas as medições e os cálculos de desníveis e cotas poderão ser consultados no visor do instrumento durante a operação.
b. As vantagens declaradas pelos fabricantes destes equipamentos são: o alcance nas visadas (cerca de 80 m a 150 m), alta produtividade em relação ao nível ótico, precisão na ordem de décimos de milímetros e armazenamento dos dados, bem como eliminar possíveis erros de leitura do operador.

Resultados: Determinação de desníveis entre os pontos topográficos, possibilitando o cálculo de cotas ou altitudes.

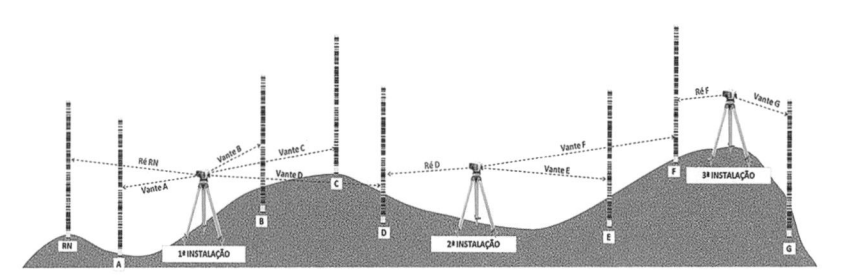

Figura 3.46 >> Nivelamento geométrico com uso de nível digital.
Fonte: Os autores.

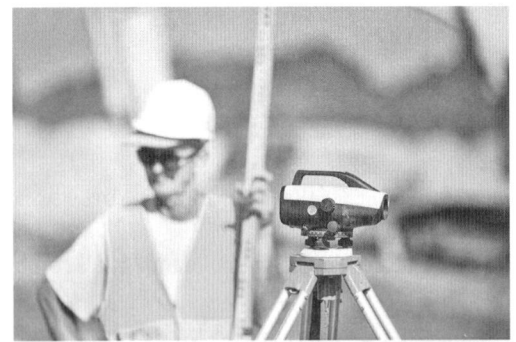

Figura 3.47 >> Prática de nivelamento geométrico com nível digital com detalhe para a mira com código de barras.
Fonte: Budimir Jevtic/Shutterstock; os autores; os autores.

» Prática 24 – Nivelamento trigonométrico com a estação total

Objetivo: Determinar desníveis entre dois ou mais pontos topográficos com estação total.

Definição: O nivelamento trigonométrico é o método topográfico que determina a diferença de nível entre dois ou mais pontos a partir da altura do aparelho, altura do alvo, ângulo vertical e distância horizontal.

Equipamentos, materiais e/ou acessórios: Estação total, tripé, trena, bastão/prisma

Passo a passo:

1. Instalar a estação total sobre um ponto topográfico.
2. Medir a altura do instrumento (i) e do prisma (a) e anotar ou registrar as medições na memória da estaç total (Figura 3.48).
3. Posicionar e nivelar o bastão/prisma no local em que se deseja obter o desnível.
4. Visar o centro do prisma e medir a distância horizontal (ou inclinada) juntamente com o ângulo vertical (inclinação ou zenital).
5. Armazenar estas medidas na memória da estação total para calcular o desnível entre estes pontos.

Observação: Com os dados registrados, o desnível será calculado e fornecido diretamente no visor da estação total. A altura do prisma será lida diretamente no bastão graduado.

Resultados: Determinação da diferença de nível entre os pontos de interesse.

Considerando: $DN = Dv + i - a$

Para o **ângulo de inclinação** temos: $Dv = Dh \cdot tg\, a$

Então: $DN = Dh \cdot tg\, a + i - a$

Para o **ângulo zenital** temos: $Dv = \dfrac{Dh}{tg\, Z}$

Então: $Dv = \dfrac{Dh}{tg\, Z} + i - a$

Legenda:
DN = diferença de nível
Dv = distância vertical
Dh = distância horizontal
a = ângulo de inclinação
Z = ângulo zenital
i = altura da estação total
a = altura do prisma

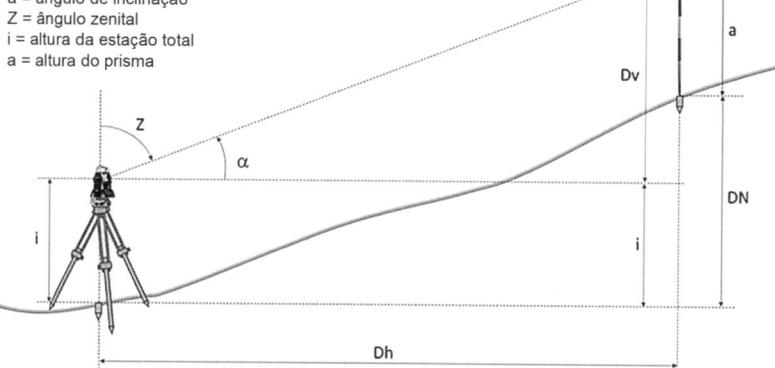

Figura 3.48 » Elementos do nivelamento trigonométrico.
Fonte: Os autores.

Figura 3.49 » Prática de nivelamento trigonométrico.
Fonte: Vadim Ratnikov/Shutterstock.

» Prática 25 – Nivelamento trigonométrico pelo método *leap frog* com estação total

Objetivo: Determinar desníveis entre dois ou mais pontos topográficos utilizando o método de nivelamento trigonométrico denominado *leap frog*.

Definição: O método *leap frog* consistem em determinar a diferença de nível entre dois ou mais pontos sem necessidade de medir a altura do aparelho, mas considerando a mesma altura dos alvos.

Equipamentos, materiais e/ou acessórios: Estação total, tripé, bastão/prisma

Passo a passo:

1. Instalar a estação total entre os dois pontos em que se deseja obter o desnível.
2. Posicionar e nivelar o bastão/prisma no primeiro ponto (por exemplo, Ponto A) (Figura 3.50).
3. Visar o prisma com a estação total e medir a distância horizontal juntamente com o ângulo vertical (Z_A ou $α_A$).
4. Repetir os passos 2 e 3 para medição do segundo ponto, mantendo o prisma na mesma altura.
5. Calcular o desnível entre os dois pontos medidos por meio das fórmulas a seguir.

Observações:

a. Instalar o equipamento de forma equidistante aos pontos visados minimiza os erros de curvatura e refração (Tuler e Saraiva, 2016).
b. Trata-se de uma prática pouco utilizada, porém muito útil em várias aplicações, como a determinação de desníveis entre pontos inacessíveis.
c. A dedução da fórmula para cálculo da diferença de nível no nivelamento trigonométrico *leap frog* é:

Considerando: $DN_{AB} = DN_B - DN_A$

mas: $DN_A = Av_A + i\, a_A$

$DN_B - Dv_B + i - a_B$

Então: $DN_{AB} (Dv_B + i - a_B) - (Dv_a + i - a_B)$

se: $a_A = a_B$

Então: $DN_{AB} = Dv_B - Dv_A$

mas: $Dv_A = Dh_A \cdot tg\, a_A$

$DvB = Dh_B \cdot tg\, a_B$

Logo: $DN_{AB} = Dh_B \cdot tg\, a_B - Dh_A \cdot tg\, a_A$

Para o ângulo zenital: $DN_{AB} = \dfrac{Dh_B}{tg\, Z_B} - \dfrac{Dh_A}{tg\, Z_A}$

Resultados: Determinação de diferenças de níveis entre os pontos A e B.

Legenda:
DN = diferença de nível
Dv = distância vertical
Dh = distância horizontal
a = ângulo de inclinação
Z = ângulo zenital
i = altura da estação total

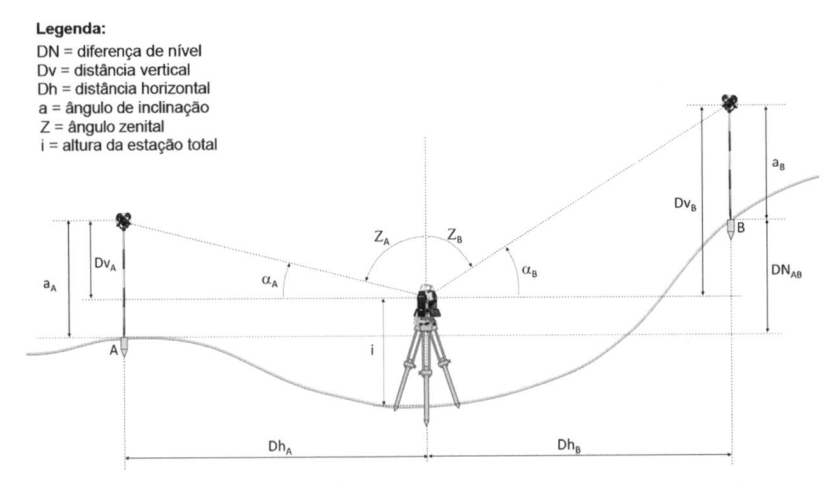

Figura 3.50 » Representação dos elementos no nivelamento trigonométrico *leap frog*.
Fonte: Os autores.

» Prática 26 – Nivelamento taqueométrico com teodolito

Objetivo: Determinar desníveis entre dois ou mais pontos topográficos pelo método taqueométrico.

Definição: O nivelamento taqueométrico (estadimetria) é o método topográfico que determina a diferença de nível entre dois ou mais pontos a partir da altura do aparelho, do ângulo vertical e das medidas dos fios superior, médio e inferior na mira.

Equipamentos, materiais e/ou acessórios: Teodolito, tripé e mira

Passo a passo:

1. Instalar o teodolito sobre o ponto topográfico.
2. Medir a altura do instrumento (i) (Figura 3.51).
3. Posicionar e nivelar a mira no local em que se deseja obter o desnível.
4. Visar a mira com o teodolito e medir os fios superior, médio e inferior (FS, FM e FI), juntamente com o ângulo vertical (inclinação - α ou zenital - Z).
5. Calcular o desnível entre os pontos (Figura 3.52).

Observação: Trata-se de uma prática de baixa a média precisão, principalmente devido à dificuldade de obtenção das leituras dos fios estadimétricos na mira em grandes distâncias.

Resultados: Determinação da diferença de nível entre os pontos de interesse.

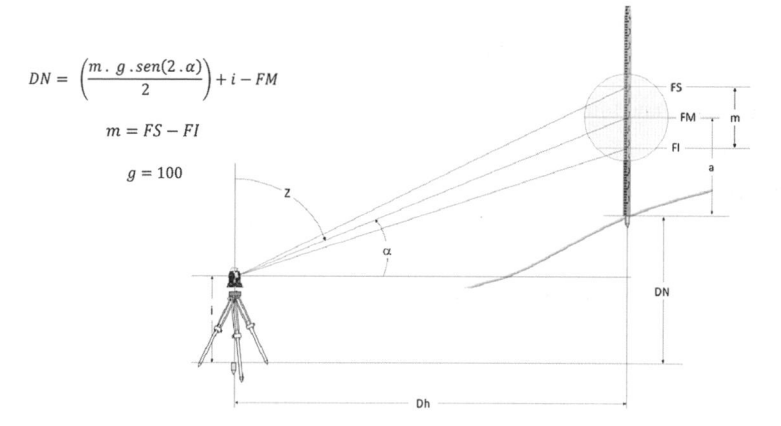

$$DN = \left(\frac{m \cdot g \cdot sen(2 \cdot \alpha)}{2}\right) + i - FM$$

$$m = FS - FI$$

$$g = 100$$

Figura 3.51 » Elementos do nivelamento taqueométrico e fórmulas.
Fonte: Os autores.

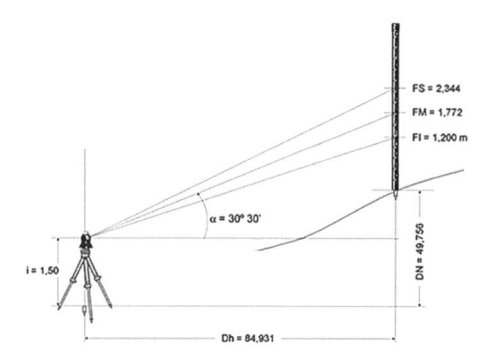

Figura 3.52 » Exemplo de medições e resultados.
Fonte: Os autores.

Figura 3.53 » Exemplo de práticas de nivelamento taqueométrico.
Fonte: Os autores.

>> Prática 27 – Locação de greide com nível

Objetivo: Marcar no terreno as alturas dos cortes ou aterros referentes aos pontos de projeto.

Definição: A locação de um greide consiste na materialização das cotas de um projeto de terraplenagem. O greide vai exigir uma movimentação de terra, provocando pontos de corte ou aterro.

Equipamentos, materiais e/ou acessórios: Nível, tripé, trena, estacas, baliza e mira

Passo a passo:

1. Conhecer as posições (X; Y) e cotas do greide (Cota$_G$) de um projeto de terraplenagem.
2. Demarcar as posições planimétricas (X; Y) dos pontos notáveis do projeto (A, B, C até P) com estacas (Figura 3.54).
3. Instalar o nível ótico e visar o RN1 (visada de ré) (ou RN2).
4. Fazer leituras nos pontos A a E (visadas de vante) e calcular as cotas do terreno (ver Prática 21 e 22) (Figura 3.55).
5. Calcular as alturas de corte ou aterro comparando as cotas do greide (Cota$_G$) com as cotas do terreno (Cota$_T$), sendo que Cota$_G$ – Cota$_T$ = altura. As alturas positivas (+) representam aterros e as negativas (-), cortes.
6. Escrever as alturas de cortes e aterros nas estacas dos pontos.
7. Repetir os passos 3 a 5 para demarcar as demais alturas de corte ou aterro nas estacas.

Observações:

a. Sugere-se que a malha dos pontos notáveis sejam maiores que 20 m x 20 m de forma a facilitar a movimentação dos equipamentos de terraplenagem (caminhões, motoniveladora, rolo compactador, escavadeiras, etc.) e para uma possível remarcação dos pontos do greide.
b. Para ajuste dos limites do projeto com o terreno, devem-se marcar os offsets dos taludes de corte ou aterro.
c. Para a construção do projeto de terraplenagem, é necessário um prévio levantamento planialtimétrico do local para locação da edificação, demarcação dos pontos notáveis, definição das inclinações do greide, cálculo das cotas do greide e estimativa de volume (cubação) (Figura 3.56).

Resultados: Estacas demarcadas em campo com as alturas de corte e aterro.

Figura 3.54 >> Projeto de terraplenagem e caderneta de cotas do greide.
Fonte: Os autores.

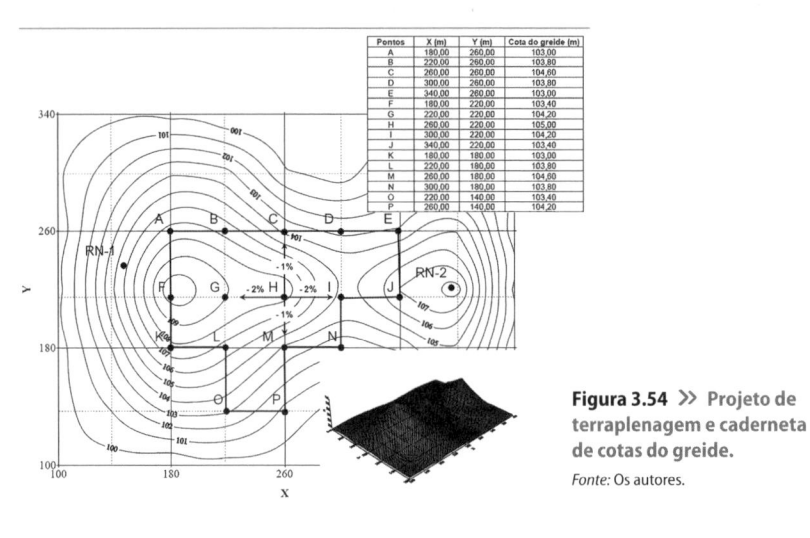

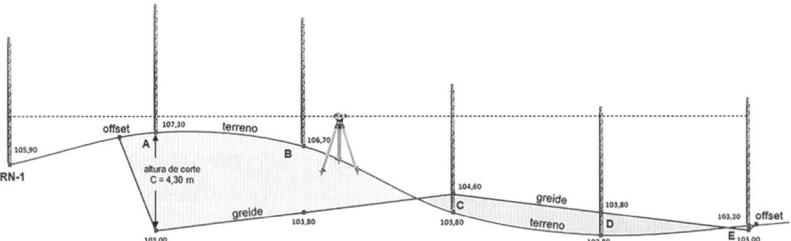

Pontos	X (m)	Y (m)	Cota do greide (m)
A	180,00	260,00	103,00
B	220,00	260,00	103,80
C	260,00	260,00	104,60
D	300,00	260,00	103,80
E	340,00	260,00	103,00
F	180,00	220,00	103,40
G	220,00	220,00	104,20
H	260,00	220,00	105,00
I	300,00	220,00	104,20
J	340,00	220,00	103,40
K	180,00	180,00	103,00
L	220,00	180,00	103,80
M	260,00	180,00	104,60
N	300,00	180,00	103,80
O	220,00	140,00	103,40
P	260,00	140,00	104,20

Figura 3.55 >> Nivelamento geométrico da seção A-E representando as alturas de corte e aterro.
Fonte: Os autores.

Figura 3.56 >> Exemplo de locação e obra de terraplenagem.
Fonte: Os autores.

>> Prática 28 – Locação de greide de valas com estação total

Objetivo: Determinar as alturas de corte a partir das cotas do terreno, conhecendo as cotas do greide do fundo de vala.

Definição: A abertura de valas geralmente possui uma inclinação pré-definida de projeto, variando segundo sua aplicação. Uma vez que esta poderá ser ocupada, por exemplo, por uma tubulação e caixas de passagem, devem-se determinar as alturas de corte a partir dos pontos da superfície do terreno.

Equipamentos, materiais e acessórios: Estação total, tripé, bastão/prisma, trena e estacas

Passo a passo:

1. Conhecer a posição (alinhamento), inclinação e cotas do greide do projeto da canalização.
2. Definir o ponto de início (est. 0), estaquear o trecho de 10 em 10m (ver Prática 9) e medir as cotas do terreno (ver Prática 24) (Figura 3.57).
3. Comparar as cotas do terreno com as cotas do fundo da vala calculando as alturas de corte em cada ponto (Figura 3.58).
4. Marcar em cada estaca locada as alturas de corte.

Observações:

a. Durante a escavação deverão ser feitas medições contínuas para conferência das alturas de corte. Outra forma de conferência é a materialização no terreno da inclinação do projeto ao lado da vala com uma linha ou arame, e adotar um gabarito para medir as profundidades calculadas.
b. Esta prática também pode ser executada com nível ótico e mira (ver Prática 27).
c. Nas caixas de passagens, observar: a posição, cotas de fundo e topo e possíveis mudanças de direções e inclinações.

Resultados: Marcação das alturas de cortes do projeto de canalização.

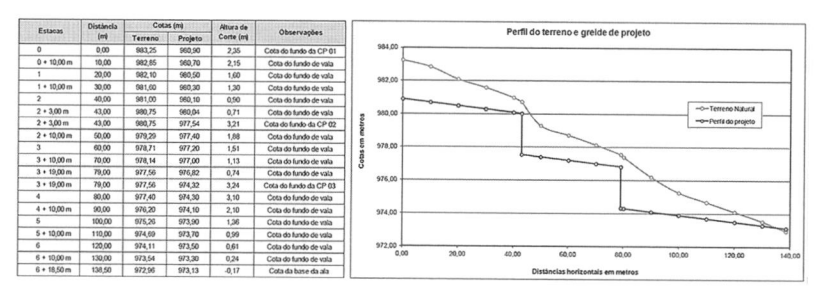

Figura 3.57 >> Caderneta de projeto de canalização e perfis do terreno e fundo de vala.
Fonte: Os autores.

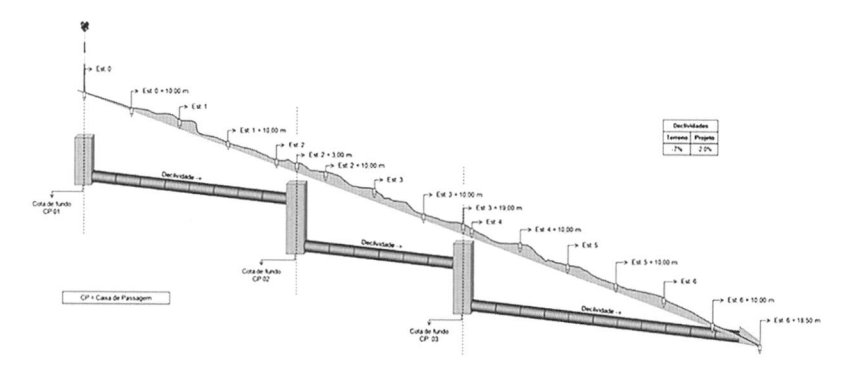

Figura 3.58 >> Representação da canalização em corte longitudinal.
Fonte: Os autores.

Figura 3.59 >> Locação de obras de canalização.
Fonte: Chalermchai Chamnanyon/Shutterstock; James R. Martin/Shutterstock.

» Prática 29 – Locação de *offsets* de uma estrada com estação total

Objetivo: Locar as posições dos *offsets* de uma estrada com estação total.

Definição: O *offset* na terraplenagem é a marcação topográfica de pontos de uma seção transversal que define a "crista" de corte ou o "pé" do aterro, ou seja, é a coincidência da cota do greide de um talude com a cota do terreno (ver Glossário, Capítulo 1). Em topografia a marcação da "crista" ou do "pé" é feita em campo por meio da medição do afastamento por tentativas e cálculo das cotas do greide e terreno, até que estas cotas sejam coincidentes. Nesta prática, o afastamento (X) será medido com o equipamento instalado no eixo da seção transversal.

Equipamentos, materiais e acessórios: Estação total, tripé, bastão/prisma, trena, piquetes e estacas

Passo a passo:

1. Conhecer o projeto do greide da seção transversal de uma estrada (Figura 3.60).
2. Definir em campo uma seção transversal e instalar o equipamento no eixo da estrada referente a esta seção.
3. Inserir na estação total a cota do terreno do eixo, a altura do aparelho e do alvo.
4. Posicionar o bastão/prisma no sentido do bordo esquerdo (BE) da seção com um afastamento do eixo maior que a distância da metade da plataforma (L/2).
5. Obter a cota do terreno desta posição do bastão/prima pela estação total e calcular a cota provisória da crista do talude. A cota da crista do talude desta posição ($Cota_{CT}$), por exemplo para um talude 1:1, será igual a cota do greide do pé do talude ($Cota_{BE}$) mais afastamento (X) menos semiplataforma (L/2), ou seja, $Cota_{CT} = Cota_{BE} + X - L/2$.
6. Comparar as cotas do terreno e da crista do talude do passo 5.
7. Afastar ou aproximar do eixo o bastão/prisma, recalculando as cotas do passo 5 até a cota do terreno coincidir com a cota da crista do talude, materializando este ponto com um piquete.
8. Cravar uma estaca a 2 metros deste piquete. Nesta estaca escrever a altura de corte.
9. Repetir os passos de 4 a 8 para o bordo direito (BD) e para as demais seções repetir a prática (Figura 3.60).

Observações:

a. Para marcação do "pé" de um talude de aterro adota-se o mesmo processo da prática.

b. Caso o talude tenha outras inclinações, a cota da crista do talude ($Cota_{CT}$) deverá ser calculada pelas seguintes fórmulas:

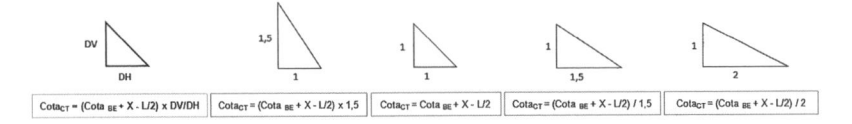

$Cota_{CT} = (Cota_{BE} + X - L/2) \times DV/DH$

$Cota_{CT} = (Cota_{BE} + X - L/2) \times 1,5$

$Cota_{CT} = Cota_{BE} + X - L/2$

$Cota_{CT} = (Cota_{BE} + X - L/2) / 1,5$

$Cota_{CT} = (Cota_{BE} + X - L/2) / 2$

c. Para taludes com bermas, somar à distância "X" os valores das larguras das bermas.

Resultados: Marcação dos offsets de corte e de aterro (Figura 3.61).

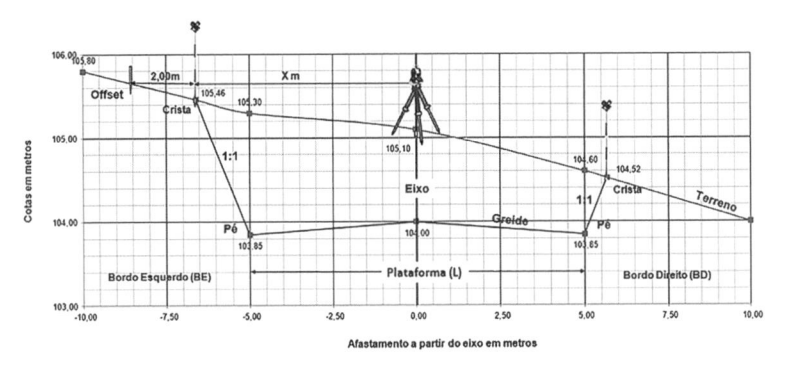

Figura 3.60 » Seção transversal do terreno e do projeto do greide de uma estrada.
Fonte: Os autores.

Figura 3.61 » Talude com bermas de uma rodovia e a linha de offsets.
Fonte: Os autores.

» Prática 30 – Levantamento com receptor GPS de navegação

Objetivo: Determinar coordenadas geodésicas (φ, λ, H) ou UTM (N, E, H) com o uso de receptor GPS de navegação.

Definição: O receptor GPS de navegação é um instrumento que rastreia satélites do sistema GPS e fornece a posição geográfica ou UTM com uma precisão métrica na localização. Ainda permite a locação de pontos, navegação, inventário e cadastro, entre outras aplicações, sempre limitado à precisão.

Equipamentos, materiais e/ou acessórios: GPS de navegação

Passo a passo:

1. Definir uma área para determinação das coordenadas de pontos (por exemplo, Lagoa da Pampulha, BH/MG) (Figura 3.62).
2. Configurar o receptor para um sistema geodésico de referência (por exemplo, SIRGAS-2000 ou WGS-84).
3. Configurar o formato das coordenadas a serem medidas (geodésicas ou UTM).
4. Posicionar o receptor nos pontos em que se deseja cadastrar.
5. Medir e gravar (ou anotar) as coordenadas dos pontos na memória do receptor (Figura 3.63).
6. Descarregar as observações num *software* específico para visualização dos pontos (GPSTrackmaker, Google Earth, etc.).
7. Editar os pontos, caso necessário (renomear, apagar, etc.).

Observações:

a. Para levantamento dos pontos é necessário que se tenha uma "janela de observação", ou seja, que o local não tenha obstruções dos sinais dos satélites.
b. A precisão altimétrica chega a ser 3 vezes menos precisa que a precisão planimétrica.
c. Apesar de ser um instrumento de fácil manuseio, por ser tratar de um equipamento de navegação e de baixa precisão, esta técnica não poderá ser utilizada em serviços que requeiram precisão nas coordenadas (georreferenciamento, cadastro urbano, etc.).

Resultados: Determinação de coordenadas e representação expedita de pontos.

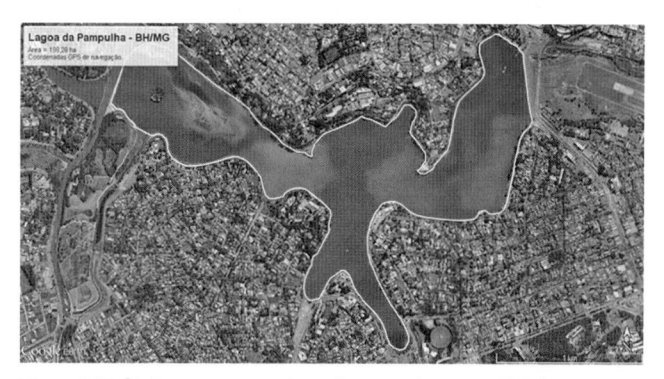

Figura 3.62 » Levantamento do perímetro e área com GPS de navegação da Lagoa da Pampulha, BH/MG.
Fonte: Google Earth (2016).

Figura 3.63 » Levantamento com uso do receptor GPS de navegação.
Fonte: TonelloPhotography/Shutterstock.

Prática 31 – Método estático com receptor GNSS topográfico ou geodésico

Objetivo: Determinar as coordenadas de um marco a partir de uma base homologada do IBGE, para servir de apoio em levantamentos topográficos e geodésicos.

Definição: A técnica de levantamento "estático" necessita de dois receptores GNSS, um para o marco e um do próprio IBGE. No marco de interesse deve-se instalar e rastrear por tempo mínimo necessário para determinar as coordenadas geodésicas ou UTM do mesmo. O receptor GNSS do IBGE deve rastrear continuamente um ponto de coordenadas conhecidas e homologadas. O IBGE detalha os procedimentos de campo pela publicação *Recomendações para Levantamentos de Relativos Estáticos, 2008*.

Equipamento, material e/ou acessórios: Um receptor GNSS topográfico ou geodésico, tripé, base nivelante, trena, marco de concreto

Passo a passo:

1. Instalar o receptor GNSS topográfico ou geodésico sobre o marco de interesse medindo-se a sua altura (Figura 3.64).
2. Iniciar o rastreio das coordenadas num tempo mínimo necessário de acordo com a distância da base do IBGE, conforme norma *Recomendações para Levantamentos de Relativos Estáticos* (IBGE, 2008a).
3. Descarregar os dados da base em *software* específico.
4. "Baixar" os dados do receptor GNSS da base homologada do IBGE, do mesmo momento de rastreio da base do marco.
5. Processar o cálculo das coordenadas do marco em *software* específico, e verificar a precisão conforme norma do IBGE.

Observações:

a. A Tabela 3.1 sugere relacionar a linha-base com o tempo necessário de observação, bem como o equipamento a ser utilizado para tal precisão (se L1 ou L1/L2).
b. A Tabela 3.2 resume as técnicas de posicionamento mais utilizadas, bem como o tipo de observação e precisão em relação ao comprimento da linha-base, em condições ideais (com destaque para a técnica do relativo estático).

Resultados: Determinação de coordenadas de pontos com acurácia e precisão.

Tabela 3.1 >> **Precisão das técnicas de posicionamento GNSS em função do tempo de observação e equipamento**

Linha de base	Tempo de observação	Equipamento utilizado	Precisão
0-5 km	5-10 min	L1 ou L1/L2	5-10 mm + 1 ppm
5-10 km	10-15 min	L1 ou L1/L2	5-10 mm + 1 ppm
10-20 km	10-30 min	L1 ou L1/L2	5-10 mm + 1 ppm
20-50 km	2-3 h	L1/L2	5 mm + 1 ppm
50-100 km	Mínimo 3 h	L1/L2	5 mm + 1 ppm
> 100 km	Mínimo 4 h	L1/L2	5 mm + 1 ppm

Fonte: IBGE (2008a).

Tabela 3.2 >> **Precisão das técnicas de posicionamento GNSS**

Técnica		Observação	Precisão (nível de confiança de 68,2%)
Por ponto	Convencional	Pseudodistância	15,3 m
	Preciso	Pseudodistância e fase	0,02 m
Relativo	Estático	DD pseudodistância e fase	0,01 a 1 ppm
	Estático – rápido	DD pseudodistância e fase	1 a 10 ppm
	Semicinemático	DD pseudodistância e fase	1 a 10 ppm
	Cinemático	DD pseudodistância e fase	1 a 10 ppm

Fonte: Instituto Brasileiro de Geografia e Estatística (2008a).

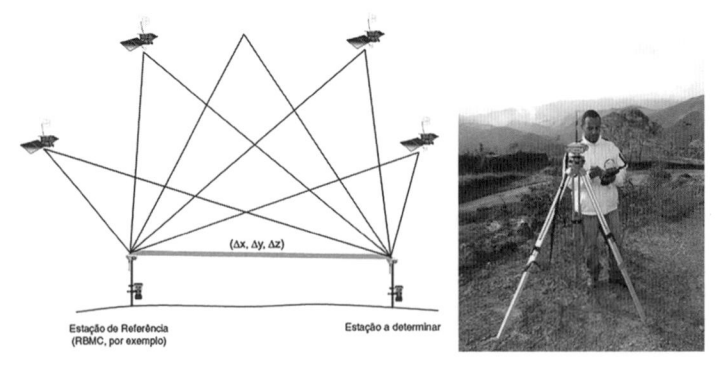

Figura 3.64 >> Método estático com receptor GNSS.
Fonte: Os autores.

» Prática 32 – Método *stop and go* com receptor GNSS topográfico ou geodésico

Objetivo: Aplicar o método *stop and go* com o receptor GNSS topográfico ou geodésico para georreferenciar pontos.

Definição: O rastreio GNSS considera princípios e formulários da Geodésia. A técnica *stop and go* ou semicinemático consiste em percorrer os pontos a cadastrar com o receptor ligado (*rover*) e sem a perda de sinal. Sugere-se que o receptor permaneça nos pontos por cerca de 3 a 5 minutos para "fixar" as coordenadas destes pontos. Para o processamento dos dados será necessário que outro receptor GNSS esteja continuamente rastreando os mesmos satélites do "*rover*", num ponto de coordenadas conhecidas ("*base*") (TULER; SARAIVA, 2016; IBGE, 2008a).

Equipamentos, materiais e/ou acessórios: Um par de receptores GNSS topográfico, bastão, tripé, base nivelante, trena

Passo a passo:

1. Definir um trecho ou pontos a serem levantados (por exemplo, um trecho de um córrego) (Figura 3.65).
2. Definir um equipamento como "*base*" e outro com "*rover*" (Figura 3.66).
3. Instalar o equipamento num marco de referência "*base*" de coordenadas geodésicas ou UTM conhecidas (ver Prática 31), medir a sua altura e deixar o equipamento ligado durante toda a medição.
4. Percorrer o trecho com o equipamento "*rover*" parando em cada ponto em que se deseja medir as coordenadas, por cerca de 3 a 5 minutos, gravando as coordenadas dos pontos.
5. Descarregar os dados da "*base*" e do "*rover*" em *software* específico para cálculo das coordenadas geodésicas ou UTM e desenho.

Observações:

a. As coordenadas da "*base*" deverão ser obtidas pela técnica de transporte relativo estático (ver Prática 11) (IBGE, 2008) ou a partir de um marco já existente na região da medição.
b. A distância entre o "*rover*" e a "*base*" e tempos de rastreio devem respeitar as normas do IBGE (IBGE, 2008a).
c. O local para o rastreio deverá, se possível, ser de fácil acesso, não apresentar obstáculos que possam obstruir os sinais de recepção e para evitar multicaminho (raio maior que 50 m), não ser próximo a estações de transmissão de microondas e outras que possam interferir nos sinais GNSS, bem como possuir disponibilidade de satélites (gráfico de PDOP).
d. O INCRA aceita o uso desta técnica para o georreferenciamento, porém como é necessário coletar dados no deslocamento entre os vértices de interesse, este método não deve ser utilizado em locais que possuam muitas obstruções.

Resultados: Coordenadas geodésicas ou UTM de pontos.

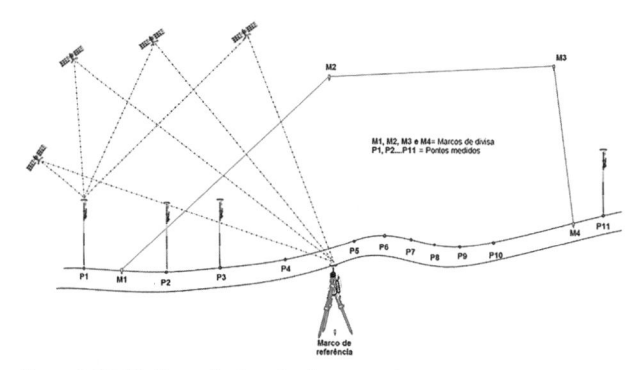

Figura 3.65 » **Exemplo do método** *stop and go* **para georreferenciamento de um córrego.**
Fonte: Os autores.

Figura 3.66 » **Receptores GNSS topográfico como** "*base*" **e** "*rover*".
Fonte: Os autores.

» Prática 33 – Locação pelo método *Real Time Kinematic* com receptor GNSS geodésico

Objetivo: Locar pontos pelo método *RTK* (*Real Time Kinematic*) com o receptor GNSS geodésico a partir de coordenadas UTM de um projeto.

Definição: A locação pelo método *RTK* consiste em implantar os pontos de um projeto em campo, com um receptor GNSS ligado ("*rover*") recebendo o sinal de rádio de uma estação de referência ("*base*"), possibilitando a correção diferencial e locação dos pontos em tempo real.

Equipamentos, materiais e/ou acessórios: Um par de receptores GNSS geodésicos *RTK*, bastão, tripé, base nivelante, trena

Passo a passo:

1. Definir o projeto a locar, transformando as coordenadas topográficas em UTM. Neste exemplo considere a locação de uma curva de transição.
2. Inserir as coordenadas UTM do projeto da curva de transição na coletora do receptor GNSS "*rover*" e os pontos de referência na "*base*" (por exemplo, M1).
3. Instalar e configurar o receptor GNSS "*base*" num ponto de coordenadas UTM conhecidos (ponto de referência – M1), inserindo a altura da antena e buscando este ponto já inserido.
4. Configurar o receptor GNSS "*rover*" para iniciar a locação. Neste momento buscar na lista de coordenadas o 1º ponto a locar (por exemplo, o TS). O equipamento fornecerá em seu visor a direção e a distância a ser percorrida para marcar este ponto. Geralmente, quando ponto a locar estiver próximo, um sinal sonoro será emitido pela coletora do receptor.
5. Aferir a posição da antena até atingir a coordenada UTM desejada e implantar um piquete (neste caso, no ponto TS).
6. Repetir os passos de 4 a 5 para os demais pontos.

Observações:

a. As coordenadas da "*base*" deverão ser obtidas pela técnica de transporte relativo estático (ver Prática 31).

b. Todos os projetos de engenharia são construídos em coordenadas topográficas (X; Y). Numa locação com receptores GNSS, que medem coordenadas geodésicas ou UTM em campo, as coordenadas topográficas de um projeto (X; Y) deverão ser transformadas em coordenadas UTM (E; N) para uma perfeita locação (Figura 3.67) (TULER; SARAIVA, 2016).

Resultados: Locação de pontos em tempo real (Figura 3.68).

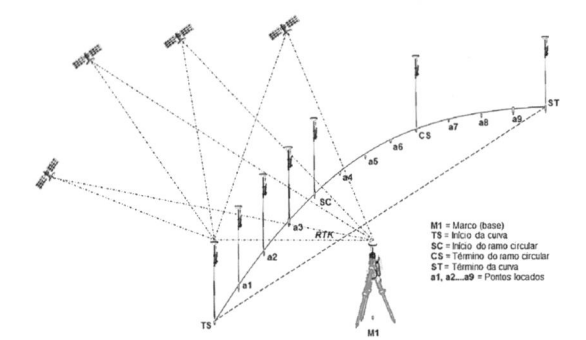

PONTO DE CURVA	COORDENADAS UTM - Fuso 23	
	Coord. E (m)	Coord. N (m)
TS	649.972,662	7.979.990,050
a1	649.977,370	7.979.991,733
a2	649.982,134	7.979.993,251
a3	649.986,990	7.979.994,435
SC	649.991,941	7.979.995,107
a4	649.996,031	7.979.995,166
a5	650.000,996	7.979.994,609
a6	650.005,836	7.979.993,369
CS	650.006,477	7.979.993,150
a7	650.011,075	7.979.991,191
a8	650.015,445	7.979.988,765
a9	650.019,637	7.979.986,041
ST	650.023,732	7.979.983,173

Figura 3.67 » Locação de curva de transição pela técnica *RTK*. A caderneta de campo deve estar transformada de coordenadas topográficas para UTM.
Fonte: Os autores.

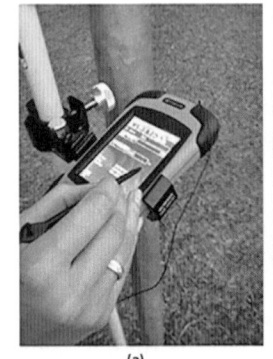

Figura 3.68 » Locação com receptores GNSS RTK. (a) Demarcando o ponto locado. (b) Receptor GNSS RTK.
Fonte: Os autores.

» Prática 34 – Nivelamento geodésico com receptor GNSS topográfico ou geodésico

Objetivo: Determinar as altitudes ortométricas de pontos ou desníveis entre pontos.

Definição: A altitude geométrica (h) é medida pelos receptores GNSS e pode ser relacionada com a altitude ortométrica (H) a partir do conhecimento da ondulação geoidal (N). Da fórmula simplificada, tem-se:

$H = h - N$

A ondulação geoidal (N) pode ser estimada em campo, conhecendo-se as altitudes ortométrica (H) e elipsoidal (h) de um ponto, ou a partir de modelos geoidais na forma digital, como definido pelo MAPGEO-2015 (Figura 3.69) (TULER; SARAIVA, 2016).

Equipamentos, materiais e/ou acessórios: Um par de receptores GNSS topográfico ou geodésico, bastão, tripé, base nivelante e trena

Passo a passo:

1. Implantar um marco "*base*" ou utilizar uma RN na região de interesse pelo método estático para o nivelamento (ver Prática 31).
2. Instalar um dos receptores GNSS sobre este marco "*base*", medindo-se a altura da antena.
3. Percorrer os pontos em que se deseja obter as altitudes ortométricas ou os desníveis pelo método *stop and go* (ver Prática 32) ou método rápido estático (IBGE, 2008a).
4. Descarregar os dados para cálculo das altitudes elipsoidais (ou geométricas), ortométricas ou desníveis.

Observações:

a. O método estático rápido é similar ao relativo estático, porém, a diferença básica é a duração da sessão de rastreio, que, neste caso, em geral é inferior a 20 minutos, pois não é necessário manter o receptor coletando dados durante o deslocamento entre os pontos e ainda com possibilidade da perda de sinal.
b. Sugere-se que os equipamentos "*base*" e "*rover*" estejam a uma distância máxima de 2 km para garantia da precisão do nivelamento.
c. No caso de se desejar obter apenas os desníveis entre pontos, basta fazer a diferença entre as altitudes elipsoidais dos pontos, considerando a precisão do rastreio e distância entre a "base" e o "rover".
d. No caso de se desejar obter as altitudes ortométricas dos pontos, têm-se duas opções: determinar a ondulação geoidal no ponto "*base*" conhecendo as altitudes elipsoidal e ortométrica (N_{campo}) com rastreio sobre um RN ou utilizar os valores de ondulação geoidal do MAPGEO 2015 (N_{MAPGEO}) e assumir estes valores de N para o cálculo das altitudes ortométricas dos demais pontos (Figura 3.69), considerando a precisão do rastreio e distância entre a "base" e o "rover".

Resultados: Determinação de altitudes ortométricas ou cálculo de diferença de níveis entre pontos.

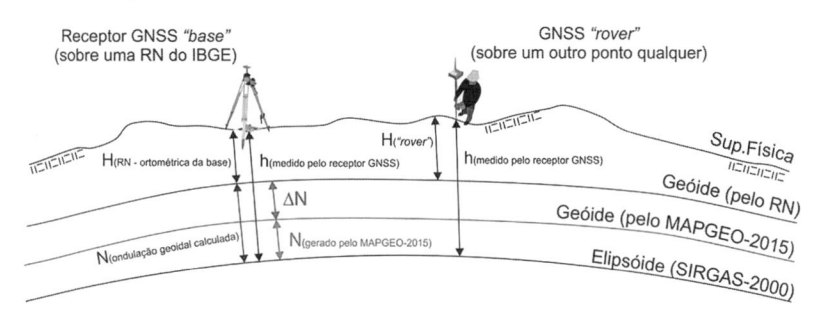

$H_{rover} = h_{medido\ pelo\ receptor} - N_{gerado\ pelo\ MAPGEO2015} - \Delta N \Rightarrow considerando\ rastreio\ num\ RN$

$H_{rover} = h_{medido\ pelo\ receptor} - N_{gerado\ pelo\ MAPGEO2015} \Rightarrow considerando\ apenas\ o\ MAPGEO\ 2015$

Figura 3.69 » Elementos para o nivelamento geodésico com receptores GNSS e formulário.
Fonte: Os autores.

Figura 3.70 » Exemplo de nivelamentos com receptores GNSS.
Fonte: Os autores.

» Prática 35 – Precisão das coordenadas obtidas pelos receptores de geodésico, topográfico e de navegação

Objetivo: Comparar os valores das coordenadas UTM obtidas pelos receptores de navegação, topográfico e geodésico com finalidade de obter distâncias e área UTM.

Definição: Segundo o IBGE (2008a), embora os satélites transmitam todos os sinais continuamente, nem todos os receptores são desenvolvidos para rastreá-los, sendo classificados, segundo sua utilização, como:

a. Navegação: destinado à navegação terrestre, marítima e aérea, bem como a levantamentos com precisão de ordem métrica. Na maioria dos casos, as observações utilizadas são as pseudodistâncias derivadas do código C/A (ver Prática 30).

b. Topográfico: podem proporcionar posicionamentos precisos (submétricos) quando utilizados em conjunto com um ou mais receptores localizados em estações de referência, e a utilização é restrita a uma área compreendida dentro de um círculo de raio de aproximadamente 10 km. Estes receptores rastreiam a fase da onda portadora L1 e o código C/A (ver Prática 31).

c. Geodésico: receptores capazes de rastrear a fase da onda portadora nas duas frequências. Isso possibilita a sua utilização em linhas de base maiores que 10 km, pois é possível modelar a maior parte da refração ionosférica com uso da combinação linear livre da ionosfera no processamento. Estes receptores conseguem precisões centimétricas a milimétricas (ver Prática 31).

Equipamentos, materiais e/ou acessórios: Receptores de navegação, topográfico e geodésico, tripé, base nivelante e trena

Passo a passo:

1. Materializar três pontos (M1, M2 e M3) com distâncias entre 400 m a 600 m (Figuras 3.71, 3.72 e 3.73).
2. Medir as coordenadas UTM destes pontos com os três tipos de receptores (Práticas 30 e 31).
3. Descarregar e processar as coordenadas UTM em Pacotes de *software* específicos.
4. Comparar as coordenadas UTM obtidas em cada ponto.

Resultados: Verificar as diferenças entre as coordenadas UTM medidas pelos 3 receptores e em produtos associados (distâncias UTM e áreas UTM).

	Receptor GNSS Geodésico		Receptor GPS Topográfico		Receptor GPS Navegação	
	Coordenadas UTM - Fuso 23 K (Estádio do Mineirão BH/MG)					
Ponto	E (m)	N (m)	E (m)	N (m)	E (m)	N (m)
M1	607.658,536	7.802.664,445	607.658,124	7.802.665,166	607.666,736	7.802.661,215
M2	607.901,982	7.803.001,987	607.902,506	7.803.001,472	607.906,512	7.803.006,557
M3	607.468,561	7.803.218,374	607.468,358	7.803.218,777	607.467,041	7.803.227,794

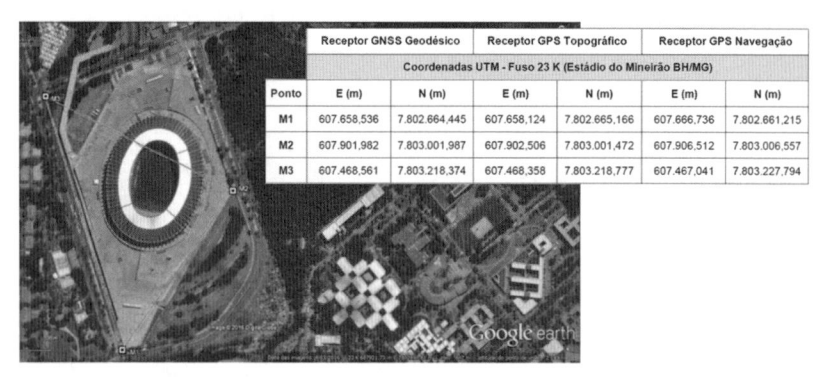

Figura 3.71 » Pontos M1, M2 e M3 e coordenadas UTM rastreadas pelos 3 receptores.
Fonte: Os autores.

Figura 3.72 » Detalhe dos desvios das coordenadas UTM em um ponto (M2).
Fonte: Os autores.

	Receptor GNSS Geodésico		Receptor GPS Topográfico		Receptor GPS Navegação	
	Coordenadas UTM - Fuso 23 K (Estádio do Mineirão BH/MG)					
Alinhamentos	Distância UTM (m)	Área UTM (m²)	Distância UTM (m)	Área UTM (m²)	Distância UTM (m)	Área UTM (m²)
M1-M2	416,174		415,721	99.556,004	420,421	102.407,559
M2-M3	484,435	99.488,170	485,496	Variação 0,07%	492,017	Variação 2,93%
M3-M1	585,600		585,232		600,741	

Figura 3.73 » Distâncias e áreas UTM pelas coordenadas dos receptores.
Fonte: Os autores.

» Prática 36 – Comparação entre as distâncias UTM e topográfica

Objetivo: Determinar a distância UTM entre dois pontos a partir das coordenadas medidas com o receptor GNSS topográfico ou geodésico e comparar com a distância topográfica (horizontal) medida com a estação total.

Definição: Uma distância UTM entre dois pontos pode ser calculada a partir de suas coordenadas Norte (N) e Este (E), considerando a projeção UTM (TULER; SARAIVA, 2016). A distância topográfica (horizontal) pode ser obtida diretamente pela estação total e considera o plano topográfico. A distância UTM poderá ser maior ou menor que a distância topográfica em função da posição em que esta se encontra no fuso.

Equipamentos, materiais e/ou acessórios: Um par de receptores GNSS topográfico e/ou geodésico, estação total, bastão/prisma, bastão, tripé, base nivelante e trena

Passo a passo:

1. Materializar dois pontos intervisíveis em campo entre 200 m a 300 m (M1 e M2) (Figura 3.74).
2. Instalar um receptor GNSS em cada ponto e medir a altura das antenas (em M1 e M2).
3. Iniciar o rastreamento dos receptores para aquisição das coordenadas UTM.
4. Descarregar os dados destas "*bases*" em *software* específico para determinação das coordenadas UTM e cálculo da distância UTM.
5. Instalar a estação total numa das extremidades (por exemplo, em M1), visar o outro ponto com o bastão/prisma (M2) e medir a distância topográfica (horizontal).
6. Comparar as distâncias UTM e topográfica e calcular o k_r.

Observações:

a. No dia a dia das medições topográficas e geodésicas é muito comum a confusão entre as distâncias UTM e topográficas. Deve-se atentar nas locações uma vez que a diferença entre estas poderá acarretar desvios nas posições dos pontos a serem materializados.

b. Na obtenção da distância UTM pelos receptores GNSS não é necessário que estes pontos sejam intervisíveis, traduzindo como uma vantagem deste método.

c. Para transformação das distâncias entre os vários sistemas de referência tem-se a passagem da distância topográfica para a elipsoidal e enfim para a UTM. Para facilitar os cálculos em campo, pode-se calcular diretamente um fator k_r, que será a resultante da relação entre a distância horizontal e a distância UTM (Figura 3.75) (TULER; SARAIVA, 2016).

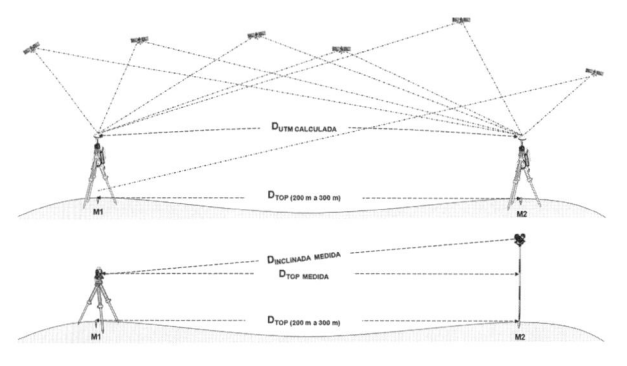

Figura 3.74
» Medição da distância com receptores e com a estação total.
Fonte: Os autores.

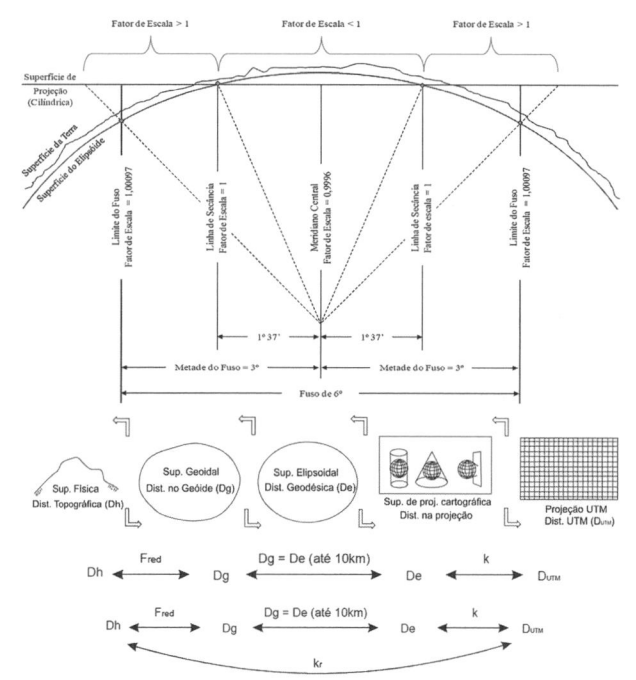

Figura 3.75
» Regiões de redução e ampliação da distância UTM e relação à distância topográfica num fuso UTM e relações entre as distâncias topográfica e UTM (k_r).
Fonte: Os autores.

>> Prática 37 – Determinação dos azimutes de quadrícula, geodésico, verdadeiro e magnético

Objetivo: Determinar os azimutes de quadrícula, geodésico, verdadeiro e magnético de um alinhamento A-B.

Definição: Azimute é o ângulo horizontal no sentido horário, formado entre a direção norte-sul e um alinhamento, tendo como origem o sentido norte (quadrícula, verdadeiro e magnético) e variável de 0° e 360° (Tuler e Saraiva, 2016).

Equipamentos, material e/ou acessórios: Receptor GNSS topográfico ou geodésico, tripé, base nivelante e bússola com tripé

Passo a passo:

1. Determinar as coordenadas UTM de dois pontos (alinhamento A-B) com receptor GNSS topográfico ou geodésico (ver Prática 31) (Figura 3.76).
2. Instalar a bússola no ponto A e determinar o azimute magnético para o ponto B.
3. Calcular o azimute de quadrícula deste alinhamento, pelo processo inverso da cartografia.
4. Calcular a convergência meridiana no ponto A.
5. Calcular o azimute geodésico a partir da convergência meridiana do passo 4 e igualá-lo ao azimute verdadeiro.

Observações:

a. A relação entre o azimute verdadeiro e o magnético é a declinação magnética, que pode ser obtida por pacotes de *software* livre, como o DEMAG, ELEMAG, etc.
b. A precisão do azimute magnético pela bússola é da ordem de minutos de arco, não sendo apropriado atualmente para aplicações topográficas.
c. Em trabalhos topográficos com uso da estação total, partindo-se de um alinhamento UTM, além da correção da distância UTM para topográfica (ver Prática 36), deve-se converter o azimute de quadrícula para verdadeiro, obtendo-se a partir destas referências as coordenadas topográficas, e não UTM, desta poligonal.
d. Na Figura 3.77 tem-se os valores da convergência em função das coordenadas geodésicas.

Resultados: Determinação dos azimutes de quadrícula, geodésico, verdadeiro e magnético de um alinhamento.

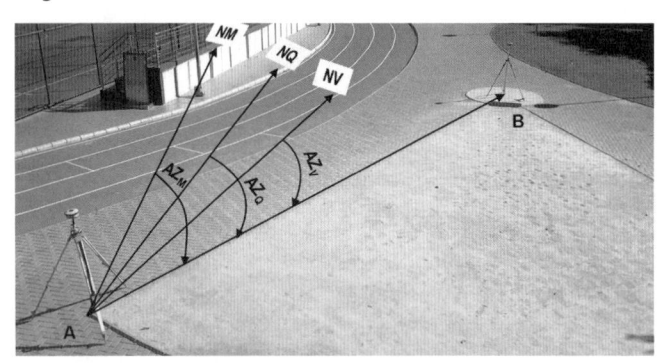

Figura 3.76 >> Determinação das coordenadas UTM dos pontos A e B e cálculo do azimute de quadrícula.
Fonte: Os autores.

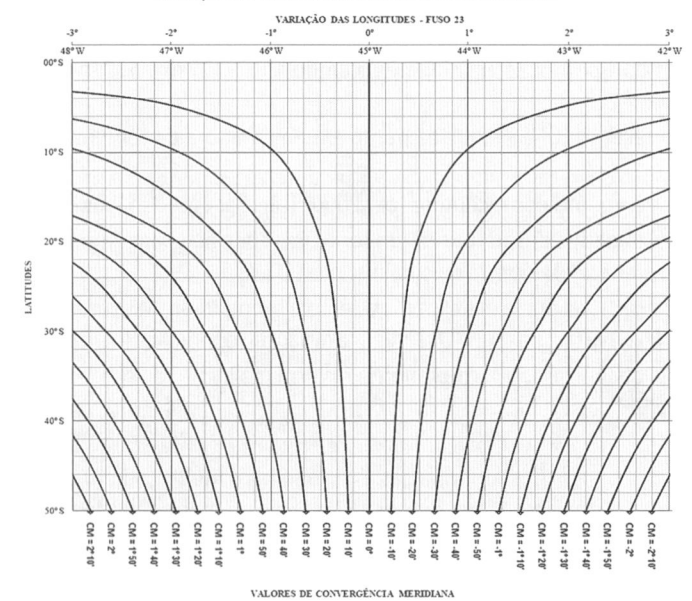

Figura 3.77 >> Valores das convergências meridianas em função das coordenadas geodésicas.
Fonte: Os autores.

» Prática 38 – Levantamento topográfico com VANT

Objetivo: Obter uma imagem ortorretificada de uma área com uso de VANT (Veículo Aéreo Não Tripulado).

Definição: O levantamento topográfico utilizando VANT é originário de processos aerofotogramétricos, utilizando sensores óticos embarcados, e se assemelha ao processo de aerolevantamento tradicional executado com aeronaves tripuladas, considerando as diferenças operacionais de custo e logística. Uma imagem ortorretificada é uma representação aerofotográfica na qual todos os elementos apresentam a mesma escala, com erros e deformações controlados.

Equipamentos, material e/ou acessórios: VANT para levantamentos topográficos e receptor GNSS geodésico ou topográfico para apoio terrestre

Passo a passo:

1. Definir a área a ser levantada, por exemplo, com uso do *software Google Earth* (Figura 3.78).
2. Determinar coordenadas de pontos no terreno com o receptor GNSS geodésico ou topográfico, demarcando-os para que sejam visíveis nas fotos aéreas (ver Prática 31).
3. Construir o plano de voo a ser adotado definindo os parâmetros de acordo com a finalidade: altitude de voo, área de recobrimento e tempo de voo, limitado à autonomia do VANT.
4. Executar o voo (Figura 3.79).
5. Descarregar e processar os dados em *software* específico.

Observações:

a. No planejamento do voo, confirmar um local de pouso e decolagem, bem como obstáculos, como torres, cabos de alta tensão, edificações, etc.
b. Observar as condições climáticas antes do voo.
c. Conferir todos os componentes do VANT: baterias, câmera, GPS, memória, condições físicas do VANT, etc.
d. Verificar se o tempo previsto de voo está adequado com a autonomia do VANT.
e. Verificar o alcance na comunicação dos rádios entre a base de controle e o VANT.
f. Para processamento dos dados, é necessário um computador de performance compatível.

Resultados: Imagens ortorretificadas, plantas planialtimétricas, modelos digitais de elevação, etc.

Figura 3.78 » Definição da área a ser levantada.
Fonte: Google Earth (2016).

Figura 3.79 » Definição dos parâmetros do plano de voo e voo.
Fonte: Os autores.

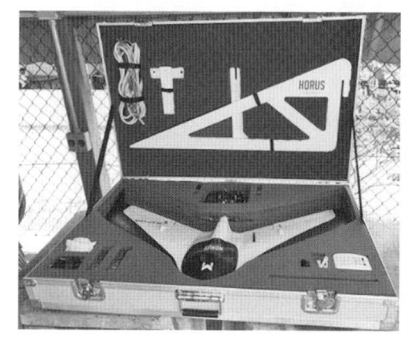

Figura 3.80 » Exemplos de modelos de VANT e conferência dos seus componentes.
Fonte: Os autores.

» Prática 39 – Levantamento topográfico com *scanner laser*

Objetivo: Utilizar o *scanner laser* para levantamentos topográficos.

Definição: O uso do *scanner laser* (ou varredura laser) é uma tecnologia de medição e digitalização remota 3D de alta precisão. Permite executar levantamentos bidimensionais e tridimensionais de locais que possuem alta complexidade de informações, como plantas industriais, áreas de difícil acesso na mineração (galerias, estoques de materiais, cavas) e outros.

O princípio físico é o da transmissão da luz laser, em que o ambiente é iluminado ponto por ponto e a luz refletida do objeto é detectada. Desta forma, independentemente das condições de luz prevalecentes, podem ser determinadas pela diferença de fase as seguintes variáveis:

- Valores de distância (distância do objeto ao equipamento)
- Valores de reflectância (refletividade do objeto)

Após a varredura desta "nuvem de pontos", em cada ponto é atribuído um valor angular horizontal e vertical que posteriormente serão transformadas em coordenadas XYZ pelo processamento destes dados em *software* específico.

Equipamentos, material e/ou acessórios: *Scanner laser*, tripé, anteparos ou alvos e estação total ou receptor GNSS (para alguns modelos e práticas)

Passo a passo:

1. Definir o local a ser levantado (na Figura 3.81 tem-se o exemplo de um pátio de estoque de minério).
2. Conhecer as características do equipamento: alcance, acurácia e precisão, taxa de medição, amplitude horizontal e vertical de visão, autonomia, necessidade de refletores e entre outros.
3. Definir os locais em que o *scanner laser* será posicionado considerando o passo 2.
4. Conhecer ou calcular as coordenadas de onde o *scanner laser* será instalado. Esta operação pode ser feita com uma estação total ou receptor GNSS, integrando esta posição a um possível sistema de coordenadas local.
5. Iniciar a varredura laser do local a partir deste ponto.
6. Instalar o *scanner laser* nos demais pontos segundo o passo 3.
7. Processar as "cenas" (aplicar ajustes de rotações e translações das cenas, verificar seus ruídos, aplicar filtros diversos, etc.) para construção dos produtos de interesse: modelos 3D, curvas de nível, seções transversais, cálculo de volumes, linhas de pé e crista, etc. (Figura 3.82).

Observações:

a. Uma vez que o *scanner laser* mede uma grande quantidade de pontos (nuvem de pontos), deve ser feito um planejamento prévio das condições de campo já na etapa da medição para que os trabalhos durante o processamento sejam facilitados.

b. O *scanner laser* terrestre pode ser móvel para uso de cadastro viário (Figura 3.83).

Resultados: "Nuvem de pontos" para algumas aplicações já citadas.

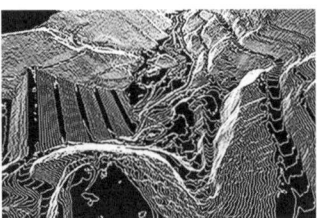

Figura 3.81 » Detalhe da complexidade de informações num pátio de mineração e exemplo da "nuvem de pontos" obtida pelo *scanner laser*.

Fonte: Os autores.

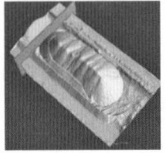

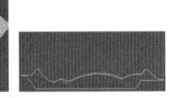

Figura 3.82 » Produtos do *scanner laser*. (a) Detalhe de uma pilha antes e após uma retomada para cálculo de volume. (b) Retirada de uma seção transversal.

Fonte: CPE Tecnologia (c2016).

Figura 3.83 » Uso do *scanner laser* **móvel**.

Fonte: Os autores; CPE Tecnologia (c2016).

» Prática 40 – Levantamento topobatimétrico com ecobatímetro

Objetivo: Coletar dados do relevo submerso para obtenção de profundidades, construção de curvas e perfis batimétricos, etc.

Definição: Um levantamento topobatimétrico, ou apenas batimetria, compreende as etapas de campo necessárias para a construção de mapas de profundidades e perfis batimétricos de áreas submersas. Deste levantamento obtêm-se, por exemplo, modelos cartográficos analógicos ou digitais para: navegação de embarcações, estudos de dragagens de leitos, travessias, cálculo de volumes de barragens e reservatório, detecção de erosão submersa, análise do fluxo de água, estudos para instalação de dutos e cabos em rios, lagos e oceanos, etc.

Desta forma serão necessárias três coordenadas para o levantamento: planimétricas (X e Y), geralmente obtidas por técnicas de rastreio GNSS e a profundidade (Z), obtida por ecobatímetros.

Os ecobatímetros consistem em uma fonte emissora de sinais acústicos e um relógio interno que mede o intervalo entre o momento da emissão do sinal e o instante em que o eco retorna ao sensor. O som é captado pelo transdutor que consiste de um material piezoelétrico que converte as ondas de pressão do eco em sinais elétricos, convertendo em profundidade do ponto.

Equipamentos, material e/ou acessórios: Ecobatímetro, receptor GNSS, embarcação

Passo a passo:

1. Estar cadastrado no CHM (Centro de Hidrografia da Marinha) dependendo do serviço, para que seja autorizada a execução de levantamentos hidrográficos em Águas Jurisdicionais Brasileiras, bem como conhecer a legislação vigente para tal.
2. Conhecer a finalidade do levantamento: construção ou atualização de cartas náuticas, reconhecimento hidrográfico, acompanhamento de dragagens, desencalhes de navios, construções de diques, volumes de reservatórios de água ou de sedimentos, etc.
3. Definir a escala de representação de acordo com a precisão do levantamento e a quantidade de detalhes. Desta forma, serão calculados o afastamento das linhas de sondagem e o intervalo entre as posições batimétricas (Figura 3.84a).
4. Iniciar o levantamento topobatimétrico das linhas de sondagem: paralelas, circulares, radiais, etc., considerando o passo 3.
5. Descarregar os dados para processamento em *software* específico, aplicando correções das posições planimétricas e da profundidade: correções diferenciais, caso se aplique receptores GNSS; correções instrumentais e de calibração do ecobatímetro, compensações da posição do transdutor em relação ao receptor GNSS e de movimentos da embarcação, etc.

Observação: Nas aplicações do levantamento topobatimétrico para auxílio à navegação deve-se considerar reduções nas profundidades obtidas pelo "valor da maré", ou seja, do regime de água de um rio ou mar. Este nível de referência é a média das marés baixas de sizígia do local (para os mares) ou é o nível das médias mínimas excepcionais (para os rios).

Resultados: Coordenadas planimétricas e de profundidades para conhecer o relevo submerso (Figura 3.84).

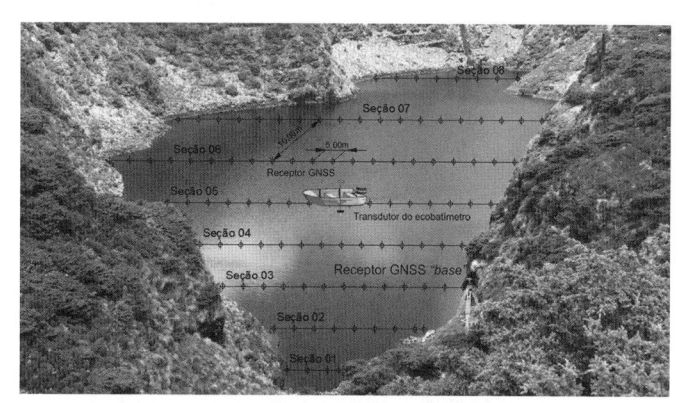

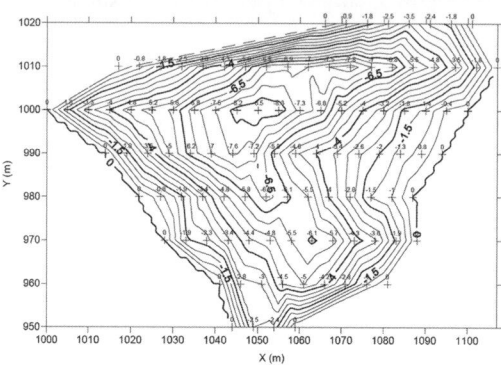

Figura 3.84 » a) Seções paralelas topobatimétricas numa lagoa, com afastamento entre linhas (10 m) e entre sondagens (5 m), com ecobatímetro e receptores GNSS. b) Carta isobatimétrica do levantamento.

Fonte: Os autores.

Referências

ASSOCIAÇÃO BRASILEIRA DE NORMAS TÉCNICAS. *NBR 13.133*: norma de levantamento topográfico. Rio de Janeiro, 1994. Corrigida em 1996.

ASSOCIAÇÃO BRASILEIRA DE NORMAS TÉCNICAS. *NBR 14.166*: rede de referência cadastral municipal – procedimento. Rio de Janeiro, 1998.

ASSOCIAÇÃO DAS EMPRESAS DE TOPOGRAFIA DO ESTADO DE SÃO PAULO. [Site]. São Paulo, [2016]. Disponível em: < http://www.aetesp.com.br/>. Acesso em: 07 out. 2016.

ASSOCIAÇÃO PROFISSIONAL DOS ENGENHEIROS AGRIMENSORES NO ESTADO DE SÃO PAULO. [Site]. São Paulo, [2016]. Disponível em: < http://www.apeaesp.org.br/>. Acesso em: 07 out. 2016.

BRASIL. *Decreto nº 3.665, de 20 de novembro de 2000*. Dá nova redação ao Regulamento para a Fiscalização de Produtos Controlados (R-105). Brasília, 2000. Disponível em: < http://www.planalto.gov.br/ccivil_03/decreto/d3665.htm>. Acesso em: 05 out. 2016.

BRASIL. Ministério do Trabalho e Emprego. *CBO*: Classificação Brasileira de Ocupações. Brasília, c1997-2007. Disponível em: < http://www.mtecbo.gov.br/cbosite/pages/home.jsf>. Acesso em: 07 out. 2016.

CONSELHO FEDERAL DE ENGENHARIA, ARQUITETURA E AGRONOMIA. *Resolução nº 218, de 29 junho de 1973*. Brasília, 1973. Disponível em: < http://www.crea-rj.org.br/wp-content/uploads/2012/09/Leis-e-Resolu%C3%A7%C3%B5es-2015.pdf>. Acesso em: 07 out. 2016.

CONSELHO FEDERAL DE ENGENHARIA, ARQUITETURA E AGRONOMIA. *Resolução nº 1048, de 14 de agosto de 2013*. Brasília, 2013. Disponível em: < http://normativos.confea.org.br/ementas/visualiza.asp?idEmenta=52470>. Acesso em: 07 out. 2016.

CONSTRUÇÃO Civil: blog do engenheiro civil. [Nível de mangueira]. [S. l.: s.n, 201-?]. Disponível em: < http://construcaociviltips.blogspot.com.br/>. Acesso em: 18 out. 2016.

CPE TECNOLOGIA. [Site]. Belo Horizonte: CPE, [c2016]. Disponível em: < http://www.cpetecnologia.com.br/>. Acesso em: 18 out. 2016.

GOOGLE EARTH. [Site]. [2016]. Disponível em: < https://www.google.com.br/intl/pt-BR/earth/>. Acesso em: 05 out. 2016.

GOOGLE STREET VIEW. [Site]. [2016]. Disponível em: <https://www.google.com/streetview/>. Acesso em: 05 out. 2016.

IBGE. *Recomendações para levantamentos relativos estáticos*: GPS. Rio de Janeiro: IBGE, 2008a.

IBGE. *Redes Estaduais GPS*. Rio de Janeiro: IBGE, [20-?]. Disponível em: <ftp://geoftp.ibge.gov.br/informacoes_sobre_posicionamento_geodesico/rede_planialtimetrica/cartograma/redesestaduais.pdf>. Acesso em: 18 out. 2016.

IBGE. *Resolução PR nº 001/2008*. Padronização de marcos geodésicos. Rio de Janeiro: IBGE, 2008b.

IBGE. *Resolução – PR nº 01/2015*. Rio de Janeiro: IBGE, 2015. Disponível em: <ftp://geoftp.ibge.gov.br/metodos_e_outros_documentos_de_referencia/normas/rpr_01_2015_sirgas2000.pdf>. Acesso em: 5 out. 2016.

IBGE. [Site]. Rio de Janeiro, [c2016]. Disponível em: <http://www.ibge.gov.br/home/>. Acesso em: 26 out. 2016.

INCRA. *Manual técnico de limites e confrontações*. Brasília: Incra, 2013b.

INCRA. *Manual técnico de posicionamento*: georreferenciamento de imóveis rurais. Brasília: Incra, 2013c.

INCRA. *Norma técnica para georreferenciamento de imóveis rurais*. Brasília: Incra, 2013a.

NATIONAL GEOSPATIAL-INTELLIGENCE AGENCY. *World Geodetic System 1984*. [Springfield], 1984. Disponível em: <https://www.nga.mil/ProductsServices/GeodesyandGeophysics/Pages/WorldGeodeticSystem.aspx>. Acesso em: 05 out. 2016.

SILVA, I.; MENEGUSTO, M. Leica Geosystems HDS: high definition surveying. In: SEMINÁRIO GEOMÁTICA NAS OBRAS DE ENGENHARIA E INFRAESTRUTURA, São Paulo, 2011. Disponível em: < http://mundogeo.com/seminarios/geomatica2011/arquivos/irineu_silva-leica.pdf>. Acesso em: 07 out. 2016.

TULER, M.; SARAIVA, S. *Fundamentos de geodésia e cartografia*. Porto Alegre: Bookman, 2016.

TULER, M.; SARAIVA, S. *Fundamentos de topografia*. Porto Alegre: Bookman, 2014.

LEITURAS RECOMENDADAS

ANDRADE, J. B. *NAVSTAR–GPS*: curso de pós–graduação em Ciências Geodésicas. Curitiba: Universidade Federal do Paraná, 1988.

BLITZKOW, D.; CAMPOS, I. O.; FREITAS, S. R. C. Altitude: o que interessa e como equacionar. In: SIMPÓSIO DE CIÊNCIAS GEODÉSICAS E TECNOLOGIA DA GEOINFORMAÇÃO, 1., 2004, Recife, 2004. Anais... Recife, 2004.

BLITZKOW, D.; LEICK, A. *Posicionamento geodésico NAVSTAR–GPS*. São Paulo: Universidade de São Paulo, 1992.

BORGES, A.C. *Exercícios de topografia*. 3. ed. São Paulo: Edgar Blücher, 1975.

CASTRO, A. L. P. *Nivelamento através do GPS*: avaliação e proposição de estratégias. Presidente Prudente: [s.n.], 2002.

CINTRA, J. P. *Sistema UTM*. [S. l.]: EPUSP/PTR, 1993.

COMASTRI, J. A.; TULER, J. C. *Topografia*: altimetria. 2. ed. Viçosa: UFV, 1987.

DAIBERT, J. D. *Topografia*: técnicas e práticas de campo. 2. ed. São Paulo: Érica, 2014.

DAL'FORNO, G. L. et al. TRANSGEOLOCAL: transformação de coordenadas geodésicas em coordenadas no plano topográfico local pelos métodos da norma 14.166:1998 e o de rotações e translações. SIMPÓSIO BRASILEIRO DE CIÊNCIAS GEODÉSICAS E TECNOLOGIAS DA GEOINFORMAÇÃO, 3., Recife, 2010. Anais... Recife, 2010.

DOTTORI, M.; NEGRAES, R. *GPS*: manual prático. São Paulo: Fittipaldi, 1997.

FAGGION, P. L. *Obtenção dos elementos de calibração e certificação de medidores eletrônicos de distância em campo e laboratório*. 2001. Tese (Doutorado) - Universidade Federal do Paraná, Setor de Ciências da Terra, Curitiba, 2001.

FONTANA, S. *GPS:* a navegação do futuro, Porto Alegre: Mercado Aberto, 2002.

GEMAEL, C. *Introdução à geodésia geométrica*: 1ª parte. Curitiba: UFPR, 1987. Curso de Pós-Graduação em Ciências Geodésicas, Departamento de Geomática, Setor de Ciências da Terra.

GEMAEL, C. *Introdução à geodésia geométrica*: 2ª parte. Curitiba: UFPR, 1988. Curso de Pós-Graduação em Ciências Geodésicas, Departamento de Geomática, Setor de Ciências da Terra.

GOMES, E. *Medindo imóveis rurais com GPS*. Brasília: LK, 2001.

GOMES, J. P. et al. Determinação de desníveis de precisão com nivelamento trigonométrico utilizando estação total. *Boletim de Ciências Geodésicas*, v. 13, n. 1, p.127-150, jan./jun., 2007.

IBGE. *Manual técnico de noções básicas de cartografia*. Rio de Janeiro: IBGE, 1989.

IBGE. *MAPGEO2015*: Sistema de Interpolação de Ondulação Geoidal. Rio de Janeiro: IBGE, 2015.

IBGE. *Resolução - PR nº 22, de 21-07-83*. Especificações e Normas Gerais para Levantamentos Geodésicos. Rio de Janeiro: IBGE, 1983.

MEDINA, A. S. *Classificação de teodolitos e estações totais*. 1998. Dissertação (Mestrado) - Curso de Pós-Graduação em Ciências Geodésicas, Universidade Federal do Paraná, Curitiba, 1998.

MONICO, J. F. G. *Posicionamento pelo GNSS*: descrição, fundamentos e aplicações. 2. ed. São Paulo: Editora UNESP, 2008.

MOREIRA, A. S. B. *Nivelamento trigonométrico e nivelamento geométrico classe IIN da NBR 13.133*: limites e condições de compatibilidade. 2003. Dissertação (Mestrado) – Universidade de São Paulo, São Carlos, 2003.

OLIVEIRA, C. *Dicionário cartográfico*. 4. ed. Rio de Janeiro: IBGE, 1993.

SANTOS, A. A. *Geodésia*: geodésia elementar e princípio de posicionamento global (GPS). Recife: Editora Universitária da UFPE, Recife, 2001.

SANTOS, D. P. *Avaliação do uso do nivelamento trigonométrico no transporte de altitudes para regiões de difícil acesso*. 2009. Dissertação (Mestrado) - Curso de Pós-Graduação em Ciências Geodésicas, Universidade Federal do Paraná, 2009.

SILVA, A. J. P. A. *O uso do GPS nas medições geodésicas de curta distância*. 1990. Dissertação (Mestrado) - Universidade Federal do Paraná, Curitiba, 1990.

SILVA, I.; ERWES, H.; SEGANTINE, P. C. L. *Introdução à geomática*. USP-SC, 2003.

SILVA, R. N. F.; FAGGION, P. L.; VEIGA, L. A. K. Avaliação do método de nivelamento trigonométrico, leap-frog, no monitoramento de recalques em barragem de concreto de médio porte. *Revista Brasileira de Cartografia*, n. 66, p. 45-57, 2014.

TULER, M.; CHAN, K. *Exercícios para AutoCAD*: roteiro de atividades. Porto Alegre: Bookman, 2013.

Apêndice

Os autores agradecem ao prof. Alcir Garcia Reis pela cedência de parte do conteúdo do seu livro *Geometrias plana e sólida: introdução e aplicações em agrimensura*, publicado pela Bookman Editora, para compor este Apêndice.

Transformação de grau decimal

Para transformações entre grau, minuto e segundo decimais, devemos seguir as seguintes regras:

Grau para minuto	Multiplicamos por 60
Grau para segundo	Multiplicamos por 3.600
Minuto para segundo	Multiplicamos por 60
Segundo para minuto	Dividimos por 60
Segundo para grau	Dividimos por 3.600
Minuto para grau	Dividimos por 60

Transformação de grau sexagesimal

Na medida de grau sexagesimal, as subunidades de minutos e segundos admitem, no máximo, 59 minutos e 59 segundos, respectivamente. Para transformar nessa unidade de medida, devemos observar que cada grupo de 60 minutos e 60 segundos correspondem, respectivamente, a 1 grau e 1 minuto.

Operações com ângulos

Para realizarmos operações com o grau, devemos observar se a medida está escrita na forma decimal ou sexagesimal.

Grau decimal

As operações feitas com graus na forma decimal obedecem às mesmas regras operatórias do sistema de numeração decimal.

Grau sexagesimal

As operações com as medidas de grau sexagesimal são muito úteis e obedecem a regras específicas.

Soma

A soma de grau sexagesimal é feita entre subunidades iguais, ou seja, graus com graus, minutos com minutos e segundos com segundos. Feita a soma, efetuamos as devidas transformações, caso seja possível.

Subtração

A subtração de grau sexagesimal também é feita entre subunidades iguais, ou seja, graus com graus, minutos com minutos e segundos com segundos. Como a subunidade que será subtraída deve ser menor que a outra, algumas vezes, é necessário transformar graus em minutos ou minutos em segundos para que essa condição seja satisfeita. Observe os seguintes exemplos.

Multiplicação

Para multiplicarmos um grau sexagesimal por um número adimensional, devemos multiplicar o número por cada uma das subunidades do grau e realizar as transformações necessárias.

Divisão

A divisão de grau sexagesimal por um número adimensional é feita dividindo cada subunidade do grau pelo número adimensional. Isso pode gerar três situações: a primeira, quando a divisão é exata; a segunda, quando há resto em alguma das subunidades; e a terceira, quando o valor da subunidade não é suficiente para efetuar a divisão.

Quando a divisão de uma das subunidades deixa resto, devemos transformar esse resto na subunidade subsequente, multiplicando por 60, e somar o resultado obtido ao valor já existente nessa nova subunidade. Quando o resto é obtido na subunidade dos segundos, temos duas alternativas: parar a divisão, deixando resto, ou continuá-la, operando, assim, com segundos decimais.

Em algumas divisões, é comum que uma das subunidades de grau ou minuto seja menor que o número pelo qual estamos dividindo. Se isso ocorrer, devemos transformá-lo para a subunidade subsequente, multiplicando por 60, e somar o resultado obtido ao valor existente na subunidade para a qual ele foi transformado.

>> Perímetro de um polígono

Definição/propriedades

O perímetro de um polígono, simbolizado por $2p$, é a soma das medidas dos lados desse polígono.

Define-se como semiperímetro, cujo símbolo é p, a metade do perímetro.

>> Soma dos ângulos internos de um polígono de n lados

Definição/propriedades

Definimos o ângulo interno de um polígono como o ângulo formado por dois lados consecutivos desse polígono. A soma dos ângulos internos será:

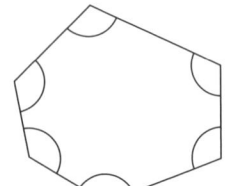

$$S_i = (n - 2)\,180°$$

$S_i \to$ Soma dos ângulos internos

Demonstração

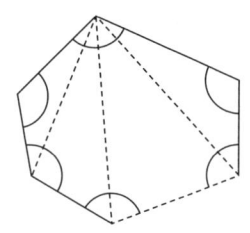

A partir do vértice marcado, traçamos as diagonais com extremidade nesse vértice. Observe que o número de triângulos formados é $n - 2$.

Como a soma dos ângulos internos de um triângulo é $180°$, a soma dos ângulos internos do polígono é:

$$S_i = (n - 2) \, 180°$$

» Soma dos ângulos externos de um polígono de n lados

Definição/propriedades

Ângulo externo de um polígono será aqui definido como o replemento do ângulo interno, ou seja, o que falta ao ângulo interno para completar $360°$. Assim, a soma dos ângulos externos será:

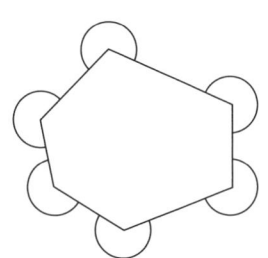

$S_e = (n + 2) \, 180°$

$S_e \rightarrow$ Soma dos ângulos externos

Tradicionalmente, o ângulo externo de um polígono é definido como o suplemento do interno. Optamos pela presente definição em função de suas aplicações.

Demonstração

Observe, pela figura, que a soma de um ângulo externo com seu consecutivo interno é $360°$. Assim,

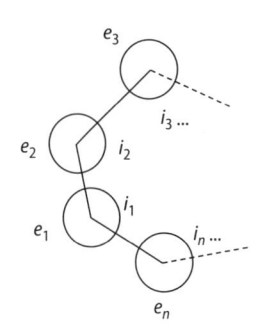

$S_e = e_1 + e_2 + e_3 + ... + e_n$

Como $e = 360° - i$, temos

$S_e = 360° - i_1 + 360° - i_2 + 360° - i_3 + ... + 360° - i_n$

$S_e = 360° \cdot n - (i_1 + i_2 + i_3 + ... + i_n)$

$S_e = 360° \, n - (n - 2) \, 180°$

$S_e = 360° \, n - 180° \, n + 360°$

$S_e = 180° \, n + 360°$

$$S_e = (n + 2) \, 180°$$

» Escala

Definimos escala numérica (E), ou simplesmente escala, como a razão de semelhança entre uma representação de um objeto e o objeto real.

Em linguagem matemática, sejam:

d – Comprimento qualquer da representação do objeto;

D – Comprimento real do objeto, que corresponde àquele medido em sua representação.

A escala, ou razão de semelhança, entre as figuras é

$$E = \frac{d}{D}$$

Como podemos perceber, existem três possibilidades para as escalas:

E é maior que 1 quando $d > D$;

E é igual a 1 quando $d = D$;

E é menor que 1 quando $d < D$.

Observações:

Comumente, usamos para escala o numerador unitário e o denominador múltiplo de 10. Quando isso ocorre, podemos dizer que:

$$E = \frac{1}{k}$$

$$\frac{1}{k} = \frac{d}{D}$$

$$\boldsymbol{D = k \cdot d}$$

em que $k \to$ fator de escala. Esse fator indica quanto um objeto foi reduzido para sua representação. Por exemplo, uma escala 1:100 indica que o objeto sofreu uma redução de 100 vezes.

- Como a escala é a razão de semelhança entre as figuras, para usarmos essa escala para áreas, devemos elevá-la ao quadrado.

S_m – Área da figura menor

S_M – Área da figura maior

A escala, ou razão de semelhança, entre as áreas é:

$$E^2 = \frac{S_m}{S_M} \qquad \left(\frac{1}{k}\right)^2 = \frac{S_m}{S_M} \qquad \frac{1}{k^2} = \frac{S_m}{S_M} \qquad \boldsymbol{S_M = k^2 \cdot S_m}$$

>> Razões trigonométricas em um triângulo retângulo

Um triângulo é classificado como retângulo quando um de seus ângulos é reto. Nomeando cada lado com a letra minúscula do lado oposto e supondo que o ângulo $A\hat{B}C = \alpha$, temos que:

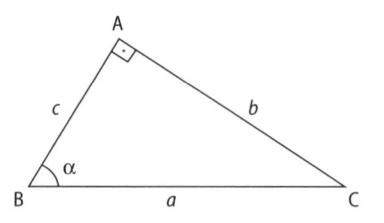

A hipotenusa $\overline{BC}$ tem medida a;

O cateto oposto a α, $\overline{AC}$, tem medida b;

O cateto adjacente a α, $\overline{AB}$, tem medida c.

Traçando paralelas a c, por semelhança de triângulos, conseguimos ver que:

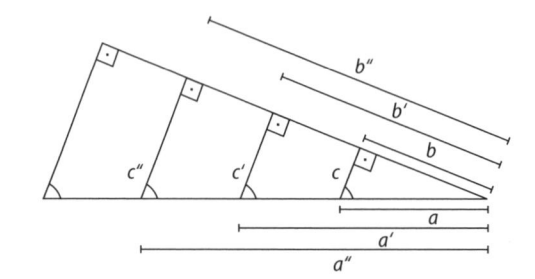

$$\frac{b}{a} = \frac{b'}{a'} = \frac{b''}{a''} = \cdots$$

ou

$$\frac{c}{a} = \frac{c'}{a'} = \frac{c''}{a''} = \cdots$$

ou

$$\frac{b}{c} = \frac{b'}{c'} = \frac{b''}{c''} = \cdots$$

Observe que, de um triângulo retângulo para outro semelhante, as relações são as mesmas para o mesmo ângulo α. Assim, definimos:

Seno de α: $\operatorname{sen} \alpha = \dfrac{\text{cateto oposto}}{\text{hipotenusa}} = \dfrac{b}{a}$

Cosseno de α: $\cos \alpha = \dfrac{\text{cateto adjacente}}{\text{hipotenusa}} = \dfrac{c}{a}$

Tangente de α: $\operatorname{tg} \alpha = \dfrac{\text{cateto oposto}}{\text{cateto adjacente}} = \dfrac{b}{c}$

» Lei dos senos

Seja ABC um triângulo qualquer inscrito em uma circunferência de centro O e raio R.

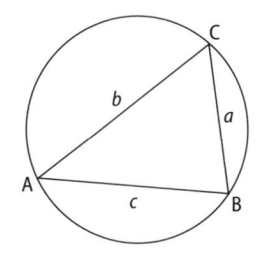

> Faremos demonstrações para triângulos acutângulos, mas os mesmos resultados podem ser obtidos para triângulos obtusângulos.

Vamos formar um triângulo PBC, usando o lado $\overline{BC}$, como mostra a figura a seguir. Observe que um de seus lados, $\overline{PB}$, é o diâmetro da circunferência.

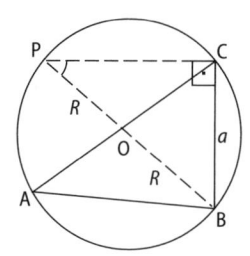

> Se $â$ fosse obtuso, $90° < â < 180°$, usaríamos $C\hat{P}B = 180° - â$, o que não compromete a lei dos senos, já que $\operatorname{sen}(180° - â) = \operatorname{sen} â$.

Como o triângulo PBC tem um de seus lados passando pelo centro da circunferência, ele é retângulo. Os ângulos $C\hat{P}B$ e $C\hat{A}B$ são inscritos e determinam o mesmo arco $\overset{\frown}{BC}$, logo, eles são congruentes. Ou seja, $C\hat{P}B = â$.

Assim, no triângulo retângulo PBC,

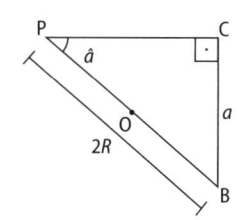

$$\operatorname{sen} â = \dfrac{a}{2R}$$

$$2R = \dfrac{a}{\operatorname{sen} â}$$

Agora, formaremos um triângulo QAC, com o lado $\overline{QC}$ passando pelo centro da circunferência, como mostra a figura a seguir:

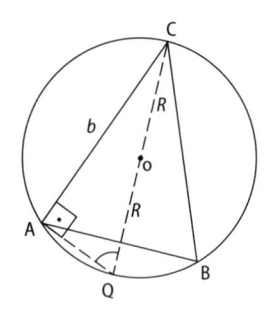

O triângulo QAC é retângulo em A, e o ângulo inscrito AQ̂C ≡ AB̂C, assim, AQ̂C = $\hat{b}$.

No triângulo QAC, temos:

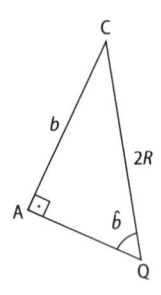

$$\operatorname{sen} \hat{b} = \frac{b}{2R}$$

$$2R = \frac{b}{\operatorname{sen} \hat{b}}$$

De modo análogo, mostramos que

$$2R = \frac{c}{\operatorname{sen} \hat{c}}$$

A lei do seno é enunciada como

$$\frac{a}{\operatorname{sen} \hat{a}} = \frac{b}{\operatorname{sen} \hat{b}} = \frac{c}{\operatorname{sen} \hat{c}} = 2R$$

>> Lei do cosseno

Enunciaremos a lei do cosseno para calcular a medida de um lado ou de um ângulo em um triângulo qualquer.

>> Cálculo da medida de um lado

Seja o triângulo da figura a seguir:

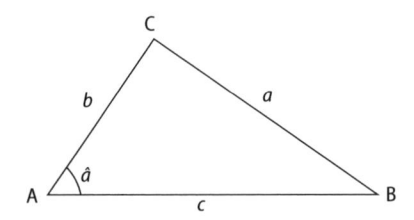

Traçando a altura relativa ao lado c, determinamos as projeções m e $c - m$, como mostra a figura a seguir.

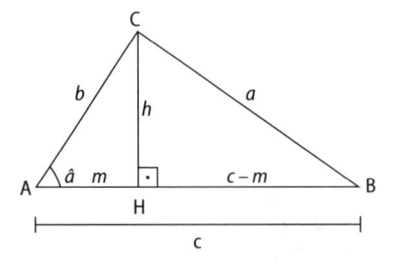

O mesmo resultado será obtido para um triângulo obtusângulo.

Do triângulo mostrado na seguinte figura, concluímos que:

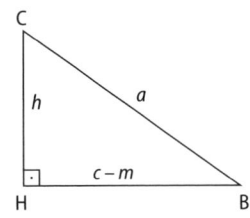

$$a^2 = h^2 + (c - m)^2$$

Expandindo o produto notável, teremos:

$$a^2 = h^2 + c^2 - 2cm + m^2 \quad \text{(EQUAÇÃO I)}$$

Do triângulo AHC,

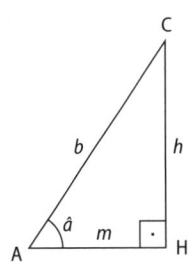

$$b^2 = h^2 + m^2$$
$$h^2 = b^2 - m^2 \quad \text{(EQUAÇÃO II)}$$

Substituindo o valor de h², da EQUAÇÃO II, na EQUAÇÃO I, teremos:

$$a^2 = b^2 - m^2 + c^2 - 2cm + m^2$$

Cancelando m², $a^2 = b^2 + c^2 - 2cm$ (EQUAÇÃO III)

Do triângulo AHC, ainda podemos concluir que:

$$\cos â = \frac{m}{b}$$

Ou ainda, $m = b \cdot \cos â$ (EQUAÇÃO IV)

Substituindo m, da EQUAÇÃO IV, na EQUAÇÃO III,

$$a^2 = b^2 + c^2 - 2cb \cdot \cos â$$

Assim, a lei do cosseno fica enunciada como:

$$a^2 = b^2 + c^2 - 2bc \cdot \cos â$$

>> Área do paralelogramo

A área do paralelogramo é definida como o produto da base pela altura.

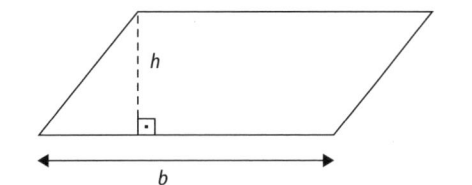

ÁREA: $S = b \cdot h$

>> Área do retângulo

Como todo retângulo é um paralelogramo, sua área também será o produto da base pela altura.

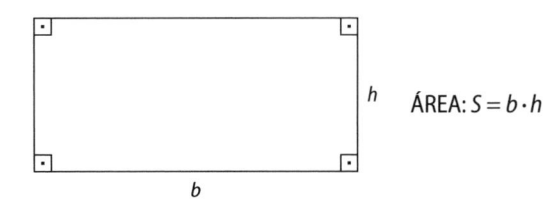

ÁREA: $S = b \cdot h$

>> Área do quadrado

O quadrado é um retângulo com a base e a altura congruentes. Assim, sua área será o quadrado de seu lado.

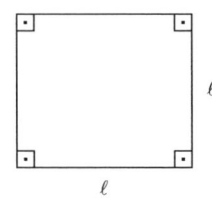

ÁREA: $S = b \cdot h$
$S = \ell^2$

>> Área do triângulo

A área de um triângulo de base b e altura h é o semiproduto de b por h.

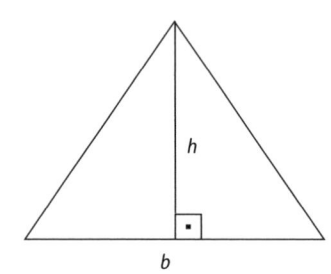

ÁREA: $S = \dfrac{b \cdot h}{2}$

Demonstração

Seja um paralelogramo de base b e altura h.

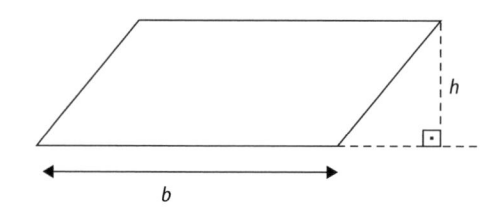

Observamos pela figura a seguir que a área de um triângulo de base b e altura h é a metade da área do paralelogramo:

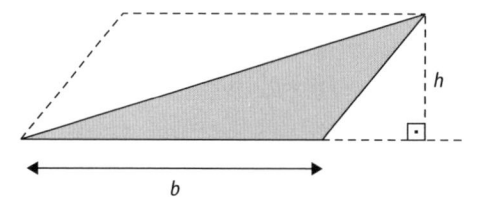

$S = \dfrac{b \cdot h}{2}$

Temos, então, os casos a seguir:

Altura interna ao triângulo

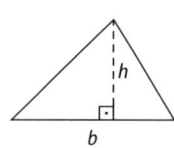

Altura coincidindo com um lado

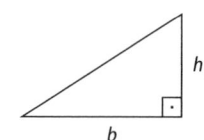

Altura externa ao triângulo

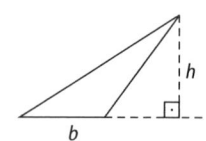

Outras fórmulas de área de triângulos

- Fórmula em função de dois lados e do ângulo compreendido:

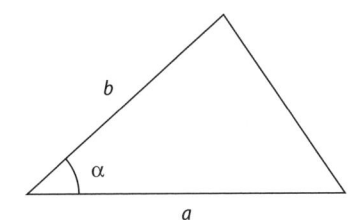

ÁREA: $S = \dfrac{a \cdot b}{2} \operatorname{sen} \alpha$

Demonstração

Traçando a altura do triângulo, relativa à base a, teremos:

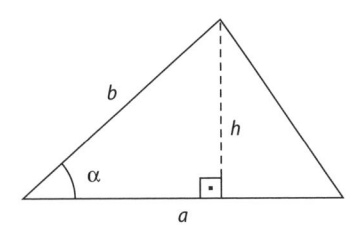

No triângulo retângulo de ângulo interno α, podemos dizer que:

$$\operatorname{sen} \alpha = \dfrac{h}{b}$$

Ou, ainda,

$$h = b \cdot \operatorname{sen} \alpha$$

Substituindo a base a e a altura h na fórmula da área do triângulo, obtemos:

$$S = \dfrac{b \cdot h}{2}$$

$$S = \dfrac{a \cdot b \cdot \operatorname{sen} a}{2}$$

Ou

$$S = \dfrac{ab}{2} \cdot \operatorname{sen} \alpha$$

- Fórmula em função do raio do círculo inscrito:

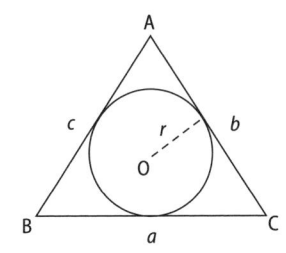

ÁREA: $S = p \cdot r$

Semiperímetro: $p = \dfrac{a + b + c}{2}$

Demonstração

Ligando os vértices ao centro O do círculo inscrito no triângulo ABC, formamos novos triângulos de bases a, b e c e altura r, já que o raio do círculo é perpendicular ao lado do triângulo no ponto de tangência.

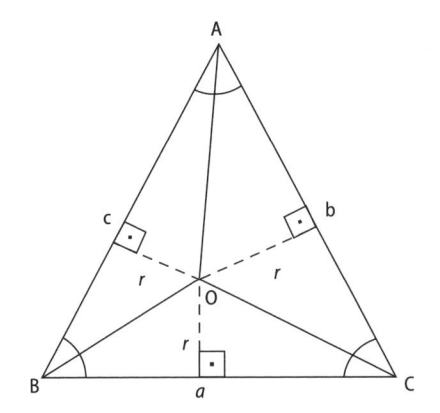

A área do triângulo ABC será a soma das áreas dos triângulos BOC, AOC e AOB. Assim,

$$S = \frac{a \cdot r}{2} + \frac{b \cdot r}{2} + \frac{c \cdot r}{2}$$

$$S = \frac{a \cdot r + b \cdot r + c \cdot r}{2}$$

$$S = \frac{(a+b+c) \cdot r}{2}$$

Como $\frac{(a+b+c) \cdot r}{2} = p$,

$$S = p \cdot r$$

- Fórmula em função dos lados: ÁREA: $S = \sqrt{p \cdot (p-a) \cdot (p-b)(p-c)}$

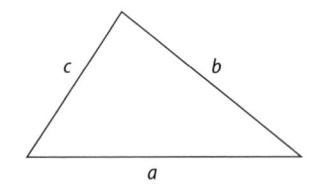

Semiperímetro: $p = \frac{a+b+c}{2}$

Demonstração

Seja o triângulo ABC da figura:

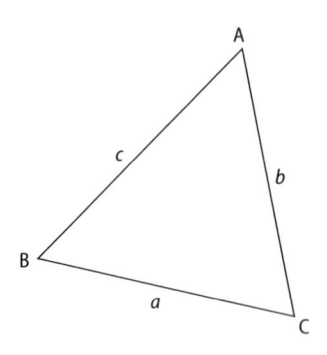

Iniciamos observando que as bissetrizes internas de um triângulo dividem os respectivos ângulos internos e dois outros congruentes.

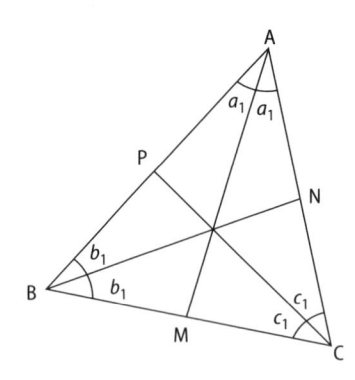

Como a soma dos ângulos internos de um triângulo é 180°, teremos:

$$a_1 + a_1 + b_1 + b_1 + c_1 + c_1 = 180°$$

$$2a_1 + 2b_1 + 2c_1 = 180°$$

Dividindo a equação por 2,

$$a_1 + b_1 + c_1 = 90°$$

ou

$$a_1 + b_1 = 90° - c_1$$

Daí,

$$\text{tg}(a_1 + b_1) = \text{tg}(90° - c_1)$$

Então,

$$\frac{\text{tg } a_1 + \text{tg } b_1}{1 - \text{tg } a_1 \cdot \text{tg } b_1} = \cot c_1$$

$$\frac{\text{tg } a_1 + \text{tg } b_1}{1 - \text{tg } a_1 \cdot \text{tg } b_1} = \frac{1}{\text{tg } c_1}$$

> Da trigonometria, sabemos que $\text{tg}(\alpha + \beta) = \dfrac{\text{tg}\,\alpha + \text{tg}\,\beta}{1 - \text{tg}\,\alpha \cdot \text{tg}\,\beta}$ e $\text{tg}(90° - \beta) = \cot\beta$.

O produto dos meios pelos extremos dará:

$\text{tg}\,a_1\,\text{tg}\,c_1 + \text{tg}\,b_1\,\text{tg}\,c_1 = 1 - \text{tg}\,a_1 \cdot \text{tg}\,b_1$

$\text{tg}\,a_1\,\text{tg}\,c_1 + \text{tg}\,b_1\,\text{tg}\,c_1 + \text{tg}\,a_1 \cdot \text{tg}\,b_1 = 1$ (EQUAÇÃO I)

Como vimos, as bissetrizes internas do triângulo se encontram no incentro, centro do círculo inscrito nesse triângulo.

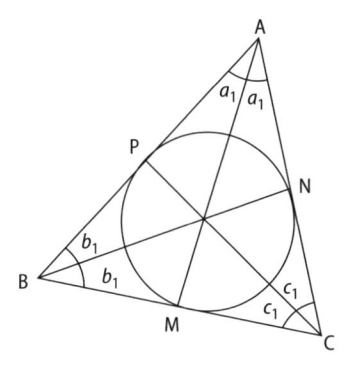

Verificamos também que, dadas duas tangentes ao círculo partindo de um mesmo ponto, os segmentos com extremidades no ponto comum e no círculo são congruentes.

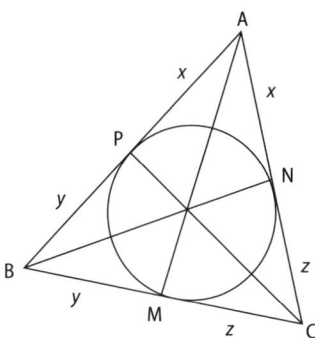

Assim,

$AP = AN = x,\ BP = BM = y,\ CM = CN = z$

A partir desses resultados, verificamos que o perímetro do triângulo é:

$2p = a + b + c$
$2p = y + z + x + z + x + y$
$2p = 2x + 2y + 2z$

Assim, seu semiperímetro será:

$p = x + y + z$ (EQUAÇÃO II)

ou, ainda,

$p = c + z,\ p = a + x,\ p = b + y$.

Assim,

$x = p - a,\ y = p - b,\ z = p - c$.   (EQUAÇÕES III)

Ligando os vértices ao centro do círculo inscrito no triângulo, teremos:

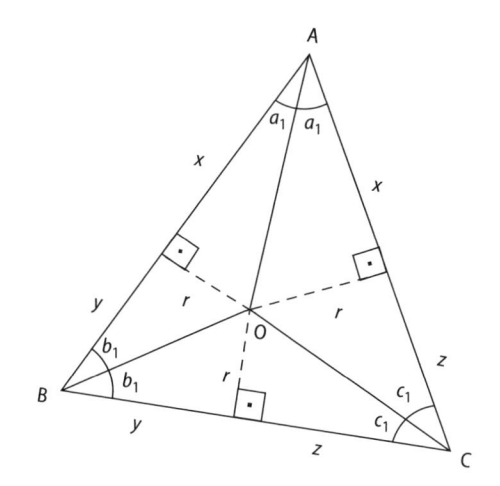

$$\text{tg } a_1 = \frac{r}{x}$$

$$\text{tg } b_1 = \frac{r}{y}$$

$$\text{tg } c_1 = \frac{r}{z}$$

Substituindo essas tangentes na Equação I, teremos:

$$\text{tg } a_1 \text{ tg } c_1 + \text{tg } b_1 \text{ tg } c_1 + \text{tg } a_1 \cdot \text{tg } b_1 = 1$$

$$\frac{r}{x} \cdot \frac{r}{z} + \frac{r}{y} \cdot \frac{r}{z} + \frac{r}{x} \cdot \frac{r}{y} = 1$$

$$\frac{r^2}{xz} \cdot \frac{r^2}{yz} + \frac{r^2}{xy} = 1$$

Reduzindo ao mesmo denominador:

$$\frac{r^2 y + r^2 x + r^2 z}{xyz} = 1$$

Evidenciando r^2 e ordenando as parcelas,

$$\frac{r^2(x + y + z)}{xyz} = 1$$

Pela Equação II, temos $p = x + y + z$

$$\frac{r^2 p}{xyz} = 1$$

Vimos que o produto do semiperímetro p pelo raio r do círculo inscrito em um triângulo é igual a sua área S. Então, vamos multiplicar o numerador e o denominador do primeiro membro da equação por p.

$$\frac{r^2 p^2}{p \cdot xyz} = 1$$

$$\frac{(p \cdot r)^2}{p \cdot xyz} = 1$$

$$\frac{S^2}{p \cdot xyz} = 1$$

$$S^2 = p \cdot xyz$$

Substituindo os valores de x, y e z dados pelas Equações III, obtemos:

$$S^2 = p \cdot (p - a) \cdot (p - b) \cdot (p - c)$$

Extraindo a raiz quadrada positiva de ambos os termos,

$$S = \sqrt{p \cdot (p-a) \cdot (p-b)(p-c)}$$

>> Área do losango

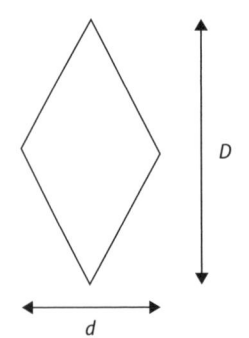

ÁREA: $S = \dfrac{D \cdot d}{2}$

Demonstração

Para calcular a área do losango, vamos traçar suas diagonais. Como o losango é um paralelogramo, suas diagonais se intersectam ao meio. Logo,

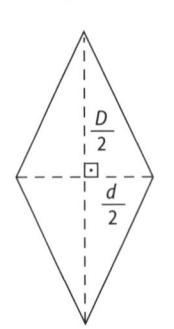

a área dos triângulos retângulos formados é

$$S = \frac{B \cdot h}{2}$$

Então,

$$S = \frac{\frac{D}{2} \cdot \frac{d}{2}}{2} = \frac{\frac{D \cdot d}{4}}{2} = \frac{D \cdot d}{8}$$

Como a área do losango é quatro vezes a área do triângulo retângulo, temos que a área de um losango de diagonais D e d será:

$$S = \frac{D \cdot d}{2}$$

» Área do trapézio

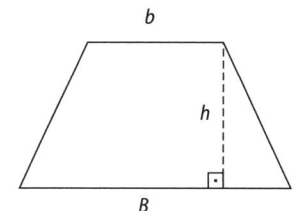

ÁREA: $S = \dfrac{(B+b)h}{2}$

Demonstração

Separando o trapézio em um retângulo e em dois triângulos T_1 e T_2,

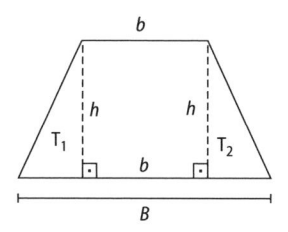

Ao unir os triângulos T_1 e T_2 pelo lado h, obtemos o triângulo de base $B - b$ e altura h a seguir:

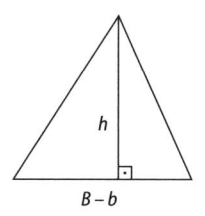

Assim, a área do trapézio será a soma das áreas do retângulo e do triângulo anterior. Ou seja,

$$S = bh + \frac{(B-b)h}{2}$$

Reduzindo ao mesmo denominador,

$$S = \frac{2bh + (B-b)h}{2}$$
$$S = \frac{2bh + Bh - bh}{2}$$
$$S = \frac{Bh + bh}{2}$$

Assim,

$$S = \frac{(B+b)h}{2}$$

» Área do polígono

A área de um polígono qualquer pode ser determinada dividindo o polígono em triângulos e somando as áreas desses triângulos.

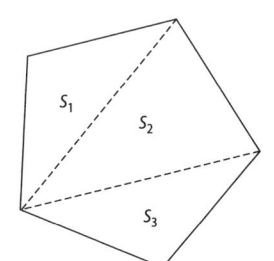

ÁREA: $S = S_1 + S_2 + S_3$

Cálculo de área de polígonos regulares

Polígono qualquer

A área de um polígono qualquer é o produto de seu semiperímetro pelo apótema.

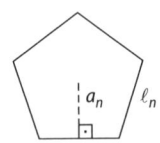

ÁREA: $S = p \cdot a_n$
S – Área do polígono
p – Semiperímetro do polígono
a_n – Apótema do polígono

> Apótema de um polígono regular é o segmento que une o centro do polígono ao ponto médio de um de seus lados. Ele também é o raio do círculo inscrito no polígono.

Demonstração

Como o apótema é o raio do círculo inscrito no polígono, conseguimos formar os triângulos de base ℓ_n e altura a_n da figura:

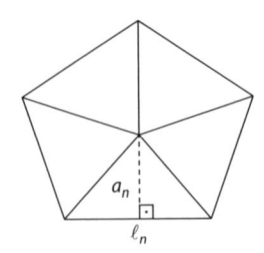

Para um polígono de n lados, sua área será a soma das áreas dos n triângulos. Ou seja,

$$S = n \frac{\ell_n \cdot a_n}{2}$$

Contudo, $\frac{n\ell_n}{2}$ é o semiperímetro do polígono. Assim, a área será:

$$S = p \cdot a_n$$

Triângulo equilátero

Seja um triângulo equilátero de lado ℓ. Sua área será:

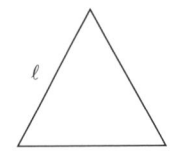

ÁREA: $S = \dfrac{\ell^2 \cdot \sqrt{3}}{4}$
S – Área do triângulo
ℓ – Lado do triângulo

Demonstração

Os ângulos internos de um triângulo equilátero são iguais a 60°. Assim, pela fórmula de dois lados e do ângulo compreendido, temos:

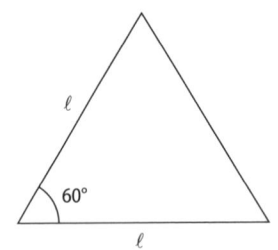

$$S = \frac{\ell \cdot \ell}{2} \cdot \operatorname{sen} 60°$$

Como sen 60° = $\frac{\sqrt{3}}{2}$, obtemos:

$$S = \frac{\ell^2}{2} \cdot \frac{\sqrt{3}}{2}$$

$$S = \frac{\ell^2 \cdot \sqrt{3}}{4}$$

>> Hexágono regular

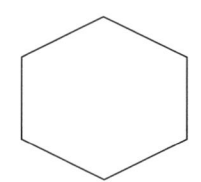

ÁREA: $S = \frac{3\ell^2 \cdot \sqrt{3}}{4}$

S – Área do hexágono

ℓ – Lado do hexágono

Demonstração

Ligando os vértices do hexágono ao seu centro, formamos seis triângulos equiláteros de lados ℓ.

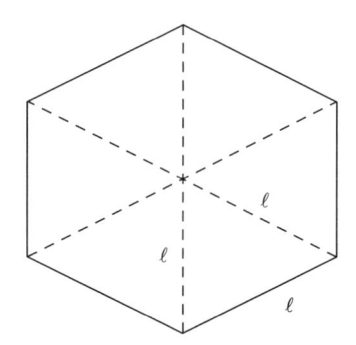

Como a área do triângulo equilátero é $S_T = \frac{\ell^2 \cdot \sqrt{3}}{4}$ a área do hexágono será:

$$S = 6 \cdot \frac{\ell^2 \cdot \sqrt{3}}{4}$$

Simplificando, obtemos:

$$S = \frac{3\ell^2 \cdot \sqrt{3}}{4}$$

>> Área do círculo

Definimos a área do círculo como o produto do número irracional pelo quadrado do raio do círculo.

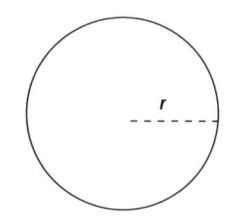

ÁREA: $S = \pi r^2$

>> Área do setor circular

A partir da definição da área do círculo, conseguimos determinar a área do setor circular. Essa área é proporcional ao desenvolvimento da curva.

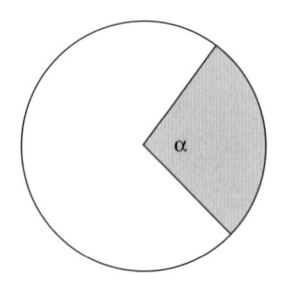

Ângulo em graus

$\pi r^2 - 360°$

$S - \alpha$

$S = \dfrac{\pi r^2 \alpha}{360°}$

Ângulo em radianos

$\pi r^2 - 2\pi\ rad$

$S - \alpha\ rad$

$S = \dfrac{r^2 \alpha}{2}$

> Devemos usar α em graus decimais.

» Cálculo de área por coordenadas

Outra forma de calcular a área de um polígono é por meio das coordenadas de seus vértices.

Suponha o quadrilátero mostrado no plano cartesiano a seguir:

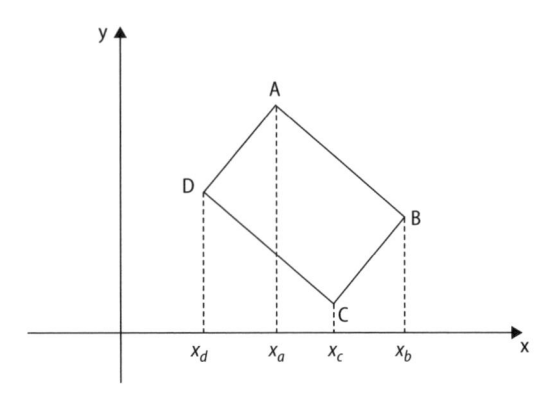

Para calcular a área do quadrilátero ABCD, vamos considerar as coordenadas dos pontos $A(x_a, y_a)$, $B(x_b, y_b)$, $C(x_c, y_c)$ e $D(x_d, y_d)$. Veja a figura a seguir. Nela, vamos calcular a área dos trapézios S_1 e S_2:

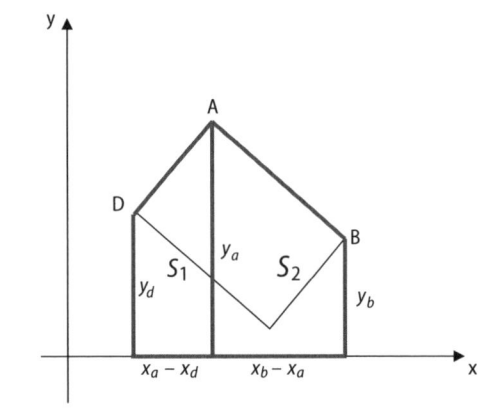

> Usamos a fórmula $S = \dfrac{(B+b)h}{2}$ para o cálculo de área do trapézio.

As áreas dos trapézios são:

$$S_1 = \frac{(y_a + y_d) \cdot (x_a - x_d)}{2}$$

Em que,

$S_1 \rightarrow$ Área do trapézio.

y_a e $y_d \rightarrow$ Bases maior e menor, respectivamente, do trapézio 1.

$(x_a - x_d) \rightarrow$ Altura do trapézio 1.

De modo análogo

$$S_2 = \frac{(y_a + y_b) \cdot (x_b - x_a)}{2}$$

E a área total S_{T1} será:

$$S_{T1} = S_1 + S_2$$

Dessa área total, vamos subtrair as áreas S_3 e S_4, como mostra a figura a seguir:

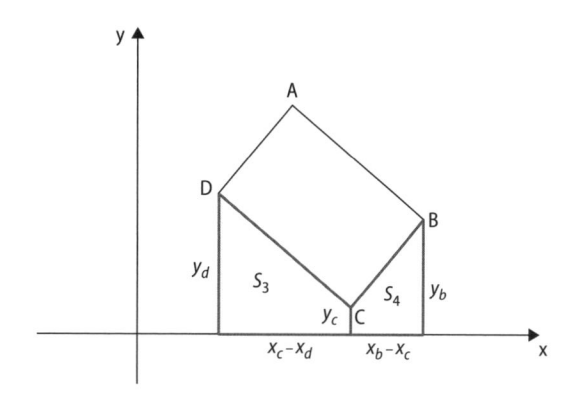

Assim,

$$S_3 = \frac{(y_d + y_c) \cdot (x_c - x_d)}{2}$$

$$S_4 = \frac{(y_b + y_c) \cdot (x_b - x_c)}{2}$$

Somando as áreas, teremos:

$$S_{T2} = S_3 + S_4$$

A área do quadrilátero (S_q) será a diferença entre as áreas S_{T1} e S_{T2}, ou seja:

$$S_q = S_{T1} - S_{T2}$$

$$= \frac{(y_a + y_d) \cdot (x_a - x_d)}{2} + \frac{(y_a + y_b) \cdot (x_b - x_a)}{2} - \frac{(y_d + y_c) \cdot (x_c - x_d)}{2} - \frac{(y_b + y_c) \cdot (x_b - x_c)}{2}$$

Colocando o denominador 2 em evidência:

$$= \frac{1}{2} \left((y_a + y_d) \cdot (x_a - x_d) + (y_a + y_b) \cdot (x_b - x_a) - (y_d + y_c) \cdot (x_c - x_d) - (y_b + y_c) \cdot (x_b - x_c) \right)$$

Efetuando as multiplicações e cancelando os produtos simétricos:

$$= \frac{1}{2} (x_a y_a + x_a y_d - x_d y_a - x_d y_d + x_b y_a + x_b y_b - x_a y_a - x_a y_b - x_c y_d - x_c y_c + x_d y_d$$
$$+ x_d y_c - x_b y_b - x_b y_c + x_c y_b + x_c y_c)$$

$$= \frac{1}{2} (\cancel{x_a y_a} + x_a y_d - x_d y_a - \cancel{x_d y_d} + x_b y_a + \cancel{x_b y_b} - \cancel{x_a y_a} - x_a y_b - x_c y_d - x_c \cancel{y_c} + x_d \cancel{y_d}$$
$$+ x_d y_c - \cancel{x_b y_b} - x_b y_c + x_c y_b + \cancel{x_c y_c})$$

Ordenando as parcelas, temos:

$$= \frac{1}{2} (x_b y_a + x_c y_b + x_d y_c + x_a y_d - x_a y_b - x_b y_c - x_c y_d - x_d y_a)$$

Como o resultado deve ser necessariamente positivo,

$$S_q = \frac{1}{2} |y_a x_b + y_b x_c + y_c x_d + y_d x_a - x_a y_b - x_b y_c - x_c y_d - x_d y_a|$$

> Dependendo da ordem na qual selecionamos os vértices, o resultado pode ser negativo. Para que ele represente a área do polígono, usaremos módulo na fórmula.

Generalizando, para um polígono de vértices $A_1(x_1, y_1), A_2(x_2, y_2), ..., A_{n-1}(x_{n-1}, y_{n-1})$, tomando os pontos nessa ordem e repetindo o primeiro ponto (A_1) como n-ésimo ponto da sequência, podemos mostrar que:

$$S_q = \frac{1}{2} \sum_{i=1}^{n} |y_i x_{i+1} - x_i y_{i+1}| \qquad \textbf{\textit{FÓRMULA ANALÍTICA}}$$

Ou, ainda, de maneira prática, para um polígono de 6 vértices como exemplo, multiplicamos cada ordenada pelas abscissas do próximo ponto e subtraímos o produto de cada abscissa pela ordenada do próximo ponto. O módulo do resultado obtido é o dobro da área do polígono.

$$\begin{array}{cc} x_1 & y_1 \\ x_2 & y_2 \\ x_3 & y_3 \\ x_4 & y_4 \\ x_5 & y_5 \\ x_6 & y_6 \\ x_1 & y_1 \end{array}$$

Multiplicando as coordenadas, como indicado previamente, pelos respectivos sinais e somando os resultados, obtemos o dobro da área do polígono.

$$2S_q = y_1x_2 + y_2x_3 + y_3x_4 + y_4x_5 + y_5x_6 + y_6x_1 - x_1y_2 - x_2y_3 - x_3y_4 - x_4y_5 - x_5y_6 - x_6y_1$$

Por fim, a área é o módulo da metade do resultado anterior.

$$S_q = \frac{1}{2} |y_1x_2 + y_2x_3 + y_3x_4 + y_4x_5 + y_5x_6 + y_6x_1 - x_1y_2 - x_2y_3 - x_3y_4 - x_4y_5 - x_5y_6 - x_6y_1|$$